时 光 的 倒 影

艺术史中的伟大园林

周文翰 著

北京出版集团公司

北京美术摄影出版社

目 录

前　言

　　以前，旅行时我最喜欢游逛各类博物馆、美术馆，在古代的辉煌遗迹中沉迷，大概是看得眼睛太满，站得脚跟太累，走出博物馆总要在附近的小广场、小公园、绿地之类的地方闲坐一会儿，看当地人散步、闲聊或者遛狗，觉得另有一种日常的鲜活乐趣。

　　后来对花木、园林有了兴趣，常去各地的公园、庄园、植物园漫步，流连欣赏花草树木。要说对这些园林的印象的话，脑海中浮现的常常是偶然瞥见的一丛花、一条狗、几句话的片段，从各地的博物馆、图册书籍中见过的有关园林的艺术作品也时时从记忆的缝隙溜出来和我打招呼，它们捕捉了园中刹那间的场景、气氛、光影，让固定的园林幻化为一帧帧浮动的影像。

　　我曾写过本书叫《花与树的人文之旅》，记述旅途中所见草木的物种传播历史和古今中外对它们的文化认知差异，也曾想写本"园林之旅"之类的书，追溯自己曾经游历的中外园林，如苏州的留园、拙政园，格拉纳达的阿尔汉布拉宫、乌代浦尔的水中宫殿、纽约的中央公园等。机缘巧合，近来参与北京世界园艺博览会有关园区的艺术活动创意，需要从园艺史、艺术史两个领域寻找灵感，在这方面做了些研究和考证，

睡莲—清晨（局部）
布面油画，1914 – 1926 年
莫奈

有了新的想法，于是写了这本书。

艺术和园林有着悠久的缘分，两河流域、埃及、波斯出土的岩刻、壁画描绘了五六千年前上古先民在林中狩猎的场景，可以想象那时候人们常常在林木之间休憩，人们对有着丰富产出的树林、果木一直有亲密感，也对色彩绚丽的花朵感到惊奇，到后来更是对花木的形、色、味有了丰富的审美感知，发展出各式造园、种植的技艺，也尝试着以视觉艺术表现园林和花木。

从古埃及的壁画家、唐代文人画家王维到近代绘画大师莫奈、毕沙罗、凡·高、克利姆特，古往今来许多艺术家都喜欢描绘他们所见所闻的美丽园林乃至梦幻中的神秘花园。在他们的笔下，无论是秦汉、罗马的废墟，还是扬州、苏州的小桥流水，伦敦、巴黎的城市公园，都变成了永恒的风景。

在这本书里，我将跟随那些伟大艺术家的脚步，进入他们描绘的那些美丽园林，在真实的园林和画笔构造的形色之间，在他人和自我、往昔和现在之间悄悄地"故地重游"，犹如在梦中的一泓清水边凝望林木、云天以及自我微微颤动的倒影。

第一章　伊甸园：起源之园

犹太人流传两千多年的经典《旧约全书·创世纪》记载，上帝创造了亚当、夏娃后，把他们安置在东方的伊甸园中，那里有各种美丽的果树，出产的果实足够他们享受，但上帝警告他们不能吃园中央知善恶树上的果实，因为知善恶树的果实可以使人产生辨别善恶的智慧。在一条蛇的蛊惑下，夏娃摘下知善恶树上的禁果给自己和亚当吃，上帝得知后就把他们赶出了伊甸园，他们只能去长满荆棘杂草的地方辛劳耕作维生。

伊甸园是无数欧美画家描绘过的主题，绝大多数画家都聚焦亚当、夏娃两人在园中摘取禁果前后的举动，并以那条在树上盘曲着的蛇为标志。只有少数画家与众不同，比如 19 世纪早期的美国风景画家托马斯·科尔（Thomas Cole）的《逐出伊甸园》呈现了亚当和夏娃刚离开伊甸园的那一刻，画中走在石桥上的亚当和夏娃正懊恼地拍着头，似乎在后悔自己为什么要吃下禁果，他们两人在画面中只是两个小小的形体，如果不仔细看简直难以发现。

在这幅画中，托马斯·科尔着重描绘两种对比性的壮丽景观：右侧的伊甸园可谓春和景明，其中花木繁茂，生机勃勃，蓝天之下有奔跑的鹿、游水的天鹅，让观者不由想象伊甸园全貌将是如何的瑰丽；而左侧似乎是黄昏的人间景观，其中喷发的火山、险峻的深谷、断折的树枝都意味着重重危险，更何况山崖边啃噬麋鹿的豺狼已经发现了亚当和夏娃，正在抬头观望。拱门一般的山洞中投射出象征性的强烈光线，代表上帝的暴怒或者最后一抹怜悯。

托马斯·科尔的画参照的是北美洲壮丽的大山大河，可以说是新大陆版本的"伊甸园"，要比之前欧洲画家们有关伊甸园的作品显得恢宏而质朴,突出了山岭的高峻壮美,画中的亚当和夏娃不像是要去耕地,而像是即将在未知的荒山野岭中展开一场探险。

对美国人来说,伊甸园的确是能让他们产生强烈共鸣的题材。当年的欧洲移民告别了故土,坐船历经风浪前往美洲时或许无数次遐想过:美洲这片新大陆是新的伊甸园吗?

之后,19 世纪从美国东部出发到西部拓荒的工人、淘金客、商人、知识分子也曾经把广袤的西部想象为伊甸园。托马斯·科尔曾在随笔《论美国风景》中描绘西部荒野的风景对于新移民的象征意义:"你的视野中没有塔的废墟来诉说暴行,也没有华丽的庙宇来作为炫耀,只有自由的产物——和平、安全和快乐……看着这些尚未被开垦的风景,思想的眼睛似乎可以看到未来。在曾经有狼徘徊的地方,耕犁开始闪闪发亮;在灰色的峭壁上,将建起庙宇和塔——那些伟绩将在现在人迹罕至的荒野上得以实现。"[1]

何为伊甸园?这是历史学家们"众说纷纭"、艺术家们"众画纷呈"的话题。伊甸园是一处完全出自想象的虚拟仙境还是有某种现实的原型?后世的神学家、考古学家、科学家有各种推测。对"伊甸"(Eden)这一名字的来源也有各种说法,有人觉得它源自阿卡德语或苏美尔语的"edin",意为"平原"或"草原",暗含"富饶多产、水源充足"之意,有人则以为它与希伯来语中的"快乐"有关,伊甸园就是神灵创造和居住的"天堂乐园"。

《旧约全书·创世记》记载,伊甸园中的河水流出园区以后分成了4 条河:比逊河、基训河、底格里斯河和幼发拉底河,后两者分别发源于安纳托利亚高原和亚美尼亚高原山区,因此一些考古学家倾向于在那里寻找伊甸园的踪迹。英国考古学家大卫·罗尔(David Rohl)声称伊甸园位于伊朗西北部大不里士附近的扎格罗斯山脉的一片谷地,那里曾是早期部落生活的地方;也有人说伊甸园应该在亚美尼亚高原某地或土耳其北部安纳托利亚高原的山区;还有人认为它在底格里斯河和幼发拉底河的下游,在这两条河的入海口附近。

---

1 [英]马尔科姆·安德鲁斯:《风景与西方艺术》(张翔 译),上海:世纪出版集团/上海人民出版社,2014 年,第 196 页。

也有人说，伊甸园的故事和美索不达米亚古代城邦的神话有关，传说在神灵居住的神圣花园中，有一位国王负责守护一棵生命之树，后来他因为邪恶和暴行被赶出花园，扔到了人间，失去了获得永生的机会。古代苏美尔、伊朗、印度的神话中都相信神灵居住在没有疾病、死亡的天堂之中。

也许可以说，伊甸园是早期部落先民渴望拥有的第一个"理想之园"。无论它是地面上一片水草丰茂、资源富饶的高原、平原、谷地、绿洲，还是想象中的神秘天堂，总之，伊甸园是一处神或人控制的特定地块，有丰富的流水、草木、动物，人们很容易在那里生存。

"逐出伊甸园"的神话则象征了人类从采集狩猎状态向农牧生产为主的生活状态的重大转变。在采集狩猎时代，近东的聚落先民更多依赖自然，小聚落找到有水源、林木、野兽的地方就会驻扎一段时间，平时男人们出外狩猎，女人们在聚落附近采摘野生植物的果实、根茎、种子就可以维生。

可是公元前10000年左右，近东的气候变得寒冷，部落民众发现住所附近可采集、狩猎的资源变少，不得不一路频繁迁徙寻找新的食物来源，有些部落开始摸索耕种土地、栽种谷物果蔬来获得物资，而不再依靠自然以及站在自然背后的神灵的恩赐。公元前9000年，叙利亚西北部的加布山谷（Ghab）中的部落最早开始种植谷物和饲养牲畜，这是人类踏入农牧业时代的先声。《旧约全书·创世记》记载，离开伊甸园后亚当就去耕作土地，他和夏娃生的儿子中有一个当了农夫，一个成为牧羊人，显然代表了农耕和畜牧这两种新的生产方式。

随着基督教的发展，《圣经》成了影响欧洲文化的最重要的典籍，许多文学、艺术作品开始呈现与伊甸园有关的神话传说，比如但丁的《神曲》、弥尔顿的《失乐园》都是以伊甸园为背景。早在3世纪，罗马的地下墓穴壁画中就出现了亚当与夏娃的形象，他们站在两棵树下，一条盘曲的蛇正在吐出信子。这时候基督教还没有成为罗马帝国的国教，影响力有限，在艺术上对伊甸园的表现也非常简单，仅仅就是两棵模糊不清的树而已。此后随着基督教的影响力越来越大，有关宗教题材的绘画也越来越多，伊甸园中的元素也越来越丰富，每一代艺术家都在想象中塑造出自己的伊甸园。

15 世纪初，在林堡三兄弟（Limbourg brothers）的笔下，伊甸园似乎是位于群山之巅的一座圆形城堡，周围是金色的城墙，中央涌出生命之泉的地方有高耸的金色哥特式亭子建筑，园中只有果树、绿草、蓝色的花等有限的几种植物。这幅《伊甸园》呈现了 4 个场景：人头蛇身的魔鬼摘下知善恶树上两颗金色的禁果交给夏娃，夏娃把一颗禁果给了亚当，穿着蓝袍的上帝训斥两人，红衣天使把两人从金色的哥特式拱门驱赶出去。右边的亚当和夏娃意识到了自己的赤身裸体，用树叶覆盖自己身体的关键部分，正依依不舍地从身后的伊甸园走向未知的尘世。

16 世纪初的德国画家老克拉纳赫（Lucas Cranach）描绘的《伊甸园》中不仅出现了茂密的植被，还有众多动物在里面过着安乐的生活。画面的上半部分呈现"创世记"中的 6 个场景：上帝造出亚当、上帝从亚当身上取肋骨造出夏娃、夏娃和亚当受到人身蛇尾怪物的引诱偷吃禁果、两人感到羞耻躲避上帝、两人遭到上帝的训斥、两人被天使赶出伊甸园。画面的下半部分详细描绘了伊甸园中肥美温顺的鹿、牛、马、羊、狮子、狐狸、天鹅、孔雀等动物和传说中的神兽"独角兽"。老克拉纳赫喜欢让动物以雌雄对偶的方式出现，这幅画中的狮、牛、羊、天鹅等都成对出现，这可能和他对宗教的理解有关。虽然这是宗教绘画，可是他精心描绘的动物传达出一种世俗的愉悦气氛，似乎要比上半部分的神话场景更打动人心。

另一位 15 世纪末 16 世纪初的画家希罗尼穆斯·博斯（Hieronymus Bosch）描绘了最神秘古怪的伊甸园：他喜欢充满神话和象征性的隐喻图像，在三联画《人间乐园》中他分别描绘了伊甸园、人间乐园的欢乐和放纵地狱中的最后审判三个场景。其中左侧那幅呈现的伊甸园与其他画家描绘的伊甸园完全不同。画中央的湖心小岛上有一架既像机械装置又像动植物外形组合的神秘设施，类似中世纪炼丹术士炼制药石的蒸馏器具，似乎是从这里诞生了园中那些奇形怪状的动物。上帝的形象看上去并不强势，无力掌控伊甸园的秩序，有些动物正在彼此争斗或者袭击猎物。最下方的湖面上，一条鱼的背上有只穿着短袖连帽衫的鸭嘴兽正在看一本打开的书，它似乎比懵懂的男人和女人更早拥有了智慧。

到了 17 世纪，荷兰地区的画家对这一神话题材有了更加世俗化的

伊甸园
木板油画，1530 年
老克拉纳赫

人间乐园（三联画）
镶板油画，1490 – 1510 年
希罗尼穆斯·博斯

描绘。亨德里克·霍尔奇厄斯（Hendrik Goltzius）绘制的《人类的堕落》强调了亚当、夏娃饱满的人体形象和细微的动作，一只山羊正在冷眼看着夏娃给亚当递送禁果，左下角的猫似乎已经预见了两人遭到驱逐的后果。

　　另一位擅长动物、狩猎题材的画家保罗·德·沃斯（Paul de Vos）和他的姐夫、风景画家扬·威尔登（Jan Wildens）合作的《伊甸园》则完全以动物作为主角，只能依稀看到远景中的上帝似乎正在痛斥夏娃和亚当。前景中的动物不像通常这类绘画中的动物那样温顺和安静，一只猎犬正咆哮威胁对面的家禽，右侧的狮子和鹿正在警惕地看着什么，只有左侧配有红色马鞍的白马显得相当镇定。这种让紧凑场景中几个动物向不同方向张望、运动形成张力的处理方式或许是受到鲁本斯的影响，保罗·德·沃斯曾和鲁本斯合作过好几幅作品，熟悉后者的画风。

　　这幅画可能是保罗·德·沃斯为西班牙宫廷创作的系列作品之一。画中左侧那匹长鬃白马的脖项上系着的红色丝带、背上的红色刺绣马鞍

人类的堕落
布面油画，1616 年
亨德里克·霍尔奇厄斯

伊甸园
布面油画，17 世纪 30 年代
保罗·德·沃斯和扬·威尔登

都是当时西班牙贵族中流行的马术用具。同时代的画家如鲁本斯、勃鲁盖尔等绘制的伊甸园主题的作品也常描绘林木繁盛、动物众多的景观，因为这时候的贵族喜欢这种表现丰盛和富足场景的绘画，就像这时候的巴洛克园林一样，充分展示了贵族对于财富、权力和动植物资源的占有。

18 世纪启蒙运动以后，政教分离、新思想的传播、大众教育的迅速发展让宗教对社会的影响力大为下降，伊甸园的宗教意义大为减弱。人们提及伊甸园的时候大多不再指向宗教寓意，而是将其当作"文化典故"引用，常用来形容那些和都市、日常生活不同的安静美好之地，是和现实遥遥相对的象征性文化符号。

比如在 20 世纪初，挪威的表现主义画家爱德华·蒙克（Edvard Munch）曾经描绘一男一女站立在苹果树下面交谈，女子的左手攀着树枝，右手正握着一个苹果品尝。画面显得凌乱、晦暗，可艺术家却赋予这张写实风格的绘画以"亚当和夏娃"这个宗教性的名称。或许画家意在暗示这场树下的对话、这段爱情并没有什么好结局：他和她最终也要失去这短暂的安乐，失去这个看似再平常不过的下午。

亚当和夏娃

布面油画，1909 年

爱德华·蒙克

第二章 废墟之园：从传说到遗迹

几千年前的古埃及人、古希腊人、古罗马人都曾经享有自己的园林，可是在后来的文明变迁中要么完全毁灭，要么只剩下断垣残壁，后人只能通过蛛丝马迹去想象它们原来的模样：在废墟中凝视文明的起伏兴衰，在倒塌之处想象园林修筑之初的面目，在文字和图画中回味古人活跃其间的情景。

这些园林的废墟记录了历朝历代的痕迹，残缺的建筑顽固地替我们保存各种文明的信息，不仅折射经济、政治、文化权力的搏斗，也透露出个人的冲动、享乐、诞生、狂欢以及死亡。少数园林的废墟现在成了游人如织的"世界文化遗产"和"热门景区"，也有些至今仍然偏居一隅，人迹罕至。

第一节 巴比伦：空中的花园

17世纪的画家夏尔·勒·布伦（Charles le Brun）是国王路易十四眼中"有史以来法国最伟大的艺术家"，他曾为国王绘制油画《亚历山大进入巴比伦》，描绘公元前331年亚历山大大帝乘坐大象拉着的华美战车进入巴比伦城的场景，他背后的宫墙上露出一座圆形建筑，上面露出了树冠的绿荫，那是欧洲人想象的巴比伦空中花园或巴别塔的一角。这幅画呈现的艺术场景和实际发生的历史相去甚远：公元前538年波斯人攻占迦勒底人建造的新巴比伦城时毁坏了这里的宫殿，这里可能并没有高耸的建筑等待200年后才到来的亚历山大大帝。

对路易十四来说，历史真相并不重要，他不是追求所谓"真实"的历

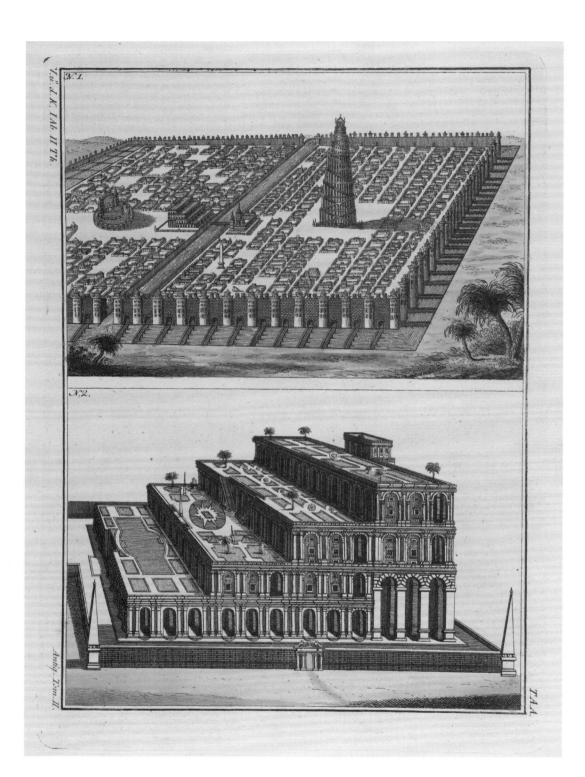

史学家。路易十四崇拜亚历山大年纪轻轻就征服东方的伟大冒险，于是委托夏尔·勒·布伦在 1662 年到 1668 年绘制了 4 幅大尺幅历史画，分别描绘亚历山大东征途中的 4 个场景：经过格拉尼库斯通道、阿格拉之战、亚历山大进入巴比伦、亚历山大和波鲁斯相见。对路易十四来说，这些画既有新鲜的异国情调的元素，也具有征服东方和异教徒的象征意义，适合装饰自己的宫廷。这 4 幅画至今还保存在卢浮宫中。

空中花园，又称"悬苑"，这可能是最让人遐想的奇迹之一。古希腊人传说，公元前 6 世纪时，新巴比伦王国的尼布甲尼撒二世（Nebuchadnezzar Ⅱ）给自己的王妃安美依迪丝（Amyitis）修建了一座花园，种植来自她家乡米底的花木。希腊历史学家狄奥多罗斯（Diodorus Siculus）记载说这座花园从下到上逐层收小，每个台层上布满带拱廊的建筑物，栽种各种树木花草，在宫墙外远看宛如悬在空中，故称"空中花园"。据说它位于新巴比伦城北面伊士达门西侧，到新巴比伦城经商、朝拜、旅游的人老远就可以看到它。公元前 538 年波斯人攻占新巴比伦城时破坏了这里的王宫和花园。尽管如此，它还是让后来的希腊人遐想不已，公元 2 世纪的希腊学者把它誉为"世界七大奇迹"之一。

19 世纪末，德国考古学家在现伊拉克北部发掘出巴比伦城的遗址。他们在南宫苑东北角挖掘出一处半地下的、近似长方形的建筑物遗迹，面积约 1260 平方米，有考古学家认为这个地方很可能是传说中的空中花园的所在地，可是在巴比伦城遗址出土的古代泥板中并没有提到有安美依迪丝这个人和王宫的花园，因此这里到底是否存在过一座空中花园就成了谜。

1849 年英国考古学家在巴比伦城遗址北部 480 多千米处发掘出尼尼微古城的遗址，发现了亚述萨尔贡王朝第二任国王西拿基立（Sennacherib）修建的大型宫殿和宫苑残迹，让人们再次对传说中的空中花园有了莫大的兴趣。牛津大学东方研究所的学者斯蒂芬妮·达蕾（Stephanie Dalley）认为所谓"空中花园"实际上是西拿基立在尼尼微修建的宫苑。

公元前 8 世纪一个从尼尼微发家的亚述部族建立了一个庞大的军事帝国，征服了巴比伦以及地中海东部的叙利亚、腓尼基、巴勒斯坦、小

左上：巴比伦的城市鸟瞰
左下：巴比伦的空中花园
彩图印刷，1810 年
罗伯特·冯·斯帕拉特

亚细亚、埃及等广大地区，公元前705年至公元前681年西拿基立统治时亚述帝国最为强盛，修建了大量宫廷建筑。从遗址推测他修建的花园建筑总周长500多米，采用立体造园手法，将花园放在25米高的柱子支撑的4层平台之上，为防止渗水，每层都铺上柏油沥青填充的柳条垫作为基础，垫上再铺两层砖，浇注一层铅，然后在上面布置肥沃的土壤，种植来自异国他乡的树木、花草和藤蔓。西拿基立的孙子阿苏巴尼帕（Assurbanipal）统治时期的雕刻墙板显示国王们常在园林的树荫下接见宾客和休闲。

这座园林有完整的灌溉系统，那时的压水机是把几个水桶系在一个链带上与安置在墙上的一个转轮相连，奴隶不停地推动连接着齿轮的把手，转轮带动水桶跟着转动，就能把地面的水运到上层的储水池，水再通过储水池周围的水槽流到花园中进行灌溉，再经人工渠道返回地面。由于花园比宫墙还要高，给人感觉像是整个御花园突出在空中，因此被称为"悬苑"或"空中花园"。为了维持城市和花园的用水，国王下令开辟了从扎格罗斯山到尼尼微的水道，长达95千米，这是世界上最早的渡槽系统，这种工程技术后来在古罗马人手中发扬光大。

公元前612年，居住在巴比伦的迦勒底人联合东边的米底人进攻亚述，对尼尼微进行了全面破坏和屠杀，亚述帝国从此消失在烽烟中。这座宫苑或许也在那时遭到彻底破坏，从此成了历史传说，或许后来就被民间传说安置到了新巴比伦城头上。

考古学家发现两河流域的造园历史非常悠久，那里的人有发达的建筑技术，这和他们水利技术的发达紧密相关。比如在现伊拉克拉格什地区曾发掘出4000年前苏美尔人修建的刻有精巧花纹的石质泉池，似乎当时人们已经在城镇中建造石头泉池储存珍贵的饮用水。亚述人更是在河边修建了许多岩石堆砌的泉池，便于人们前来取水，这些泉池利用自然的重力原理让泉水从高处的泉池向低处的泉池流淌。

在西拿基立之前，公元前9世纪的亚述国王阿舒尔纳斯帕尔二世（King Ashurnasirpal II）就曾修建人工水渠从山区引水到首都尼姆鲁德（Nimrud），供他在果园中栽种各种观赏树木、果树和葡萄。

在中东干热的气候下，人们格外重视树荫的作用，公元前6世纪的

塞米勒米斯的空中花园
布面油画，19 世纪末
20 世纪初
瓦尔德克

阿卡德城邦用"pardesu"形容那些封闭的、有树木的凉爽之地，或许那时富贵人家已经种植树木来给庭院遮阴，逐渐形成了早期的园林：有围墙、有树木的休闲空间。

18 世纪以后，东方的历史、传说曾经让欧洲艺术界遐想万千，画家瓦尔德克（H. Waldeck）曾描绘过一幅带有异国情调的油画：在一座水边的宫殿花园中，巴比伦的王后塞米勒米斯正半躺在床榻上欣赏舞女的表演，身侧还有一位侍从牵着宠物猎豹。这座花园装饰着各种花盆以及鲜花编成的花环，周围的高台建筑上也摆放着花木盆栽，种植了棕榈树等花木。

塞米勒米斯在公元前 811 年丈夫逝世后曾经摄政 5 年，后移交权力给儿子。后世出现了关于这位女统治者的众多传说，公元前 1 世纪希腊历史学家狄奥多罗斯说她在丈夫去世后统治新亚述帝国长达 42 年，曾经修建巴比伦的城墙和伊什塔尔大门，还曾远征波斯和印度，曾在波斯修建了新的宫苑。这位传奇的女王被但丁、莎士比亚提及，18 世纪、19 世纪东方异国风情题材流行时，伏尔泰、罗西尼（Gioacchino Rossini）等多个作家都以她的故事为主题创作过戏剧作品。

第二节　古埃及：法老的庄园

3300 多年前，法老图特摩斯四世和阿蒙霍特普三世统治埃及期间，中级官员内巴蒙在底比斯负责计算和登记国王庄园的出产，这是当时的肥差之一，他得以积累大量财富，逝世以后被埋葬到装饰着华美壁画的墓地中，其中有好几幅壁画描绘了古埃及的园林。其中一幅以长方形的池塘为中心，池水中有鸭子、鱼、睡莲，围绕池塘一圈的是长方形的花园步道，种植着各种花木，水池周围是主人休闲的好地方，而外围则是种植着棕榈树、果树的大片树林，这些区域可能是以经济产出为主的果园。各个区域的边缘则是水渠，用来给园林浇水。

还有一幅《内巴蒙监督庄园生产》的壁画从上到下依次描绘了法老的大型宫苑中的多种生产：第一层描绘池塘中出产的鱼和果树上采摘的果实；第二、第三层描绘工人从葡萄园中采摘下来葡萄，用葡萄压制酿酒，然后抬着葡萄酒到神庙供奉；第四层描绘工人给牛烙印、繁育小牛、登记数量等。

根据这些壁画以及文献，后人推测古埃及的园林起源于实用性的果园、葡萄园，人们修建水渠引来尼罗河的河水灌溉这些园林。为了利用尼罗河水浇灌土地和园林，埃及人发展出先进的测量学、数学、土地规划和水利知识及技术，这对于他们的园林设计思想有重大影响。

古埃及人在园林设计中追求高度对称的几何布局，古王国时王公贵族的府邸就出现了几何式构图的园林：以游乐性的矩形水池为中心，以灌溉水渠划分空间，四周栽种各种树木花草，水池周围规则地成行栽种棕榈、金合欢树、柏树或果树，水边、林中还会布置一些游憩性的凉亭。

约公元前 2035 年至公元前 1668 年新王国时期，法老、贵族纷纷在埃及中部的尼罗河边或者运河边修建大型的游乐性宫苑园林。这些园林都是以几何图案布局，常常以水池为中心，周围种植观赏性的花木和水果树，兼有游乐性和经济性，周围修建高墙围合园林。

这些园林规模非常大，如法老阿蒙霍特普二世的宠臣塞内弗（Sennefer）长期担任底比斯市长，他的墓葬壁画描绘了一座庞大的园林：中央是葡萄藤构成的乘凉庭院，兼有经济功能，而周围有对称分

左上：古埃及花园
纸上彩绘，临摹埃及底比斯
公元前 1400 – 前 1352 年内巴蒙墓石膏壁画

左下：园林中的丧葬仪式
纸上蛋彩
公元前 1479 – 前 1425 年
图特摩斯三世时期底比斯
Minnakht 墓出土
查尔斯·威尔金森临摹

石榴形玻璃瓶
不透明玻璃
公元前 1295 – 前 1070 年

布的 4 个池塘庭院，再外围是各种果木。园中的水池据说大到可以容
纳 20 名船工划桨的大型游船。这座庞大的园林可能并非塞内弗的家
族财产，而是他负责管理的法老的园林。

　　法老的大型宫苑园林通常以水池为中心，沿着各个方向的主要道
路周围设计一系列线性布景，分隔内部空间形成若干院落，各有格栅、
棚架、水池、花木、草地、凉亭等景观，其中不仅有本地的树木，还有引
进的椰枣、黄槐、石榴、无花果等。传说公元前 15 世纪的女王哈特谢普
苏特和公元前 12 世纪的法老拉美西斯三世都曾派船队到利比亚、叙利
亚、索马里等地收集果树、香料植物到自己的园林中栽种。

　　如石榴就是法老远征西亚时带回的新树种，主要种植在法老和贵
族的花园中。古埃及权贵喜欢把石榴汁添加到葡萄酒中饮用，也当作
一种药物。埃及曾经出土过许多石榴形状的器物，如大都会博物馆就
曾收藏埃及古墓出土的玻璃瓶，黄色的瓶子模拟的是成熟的石榴，绿色

的小瓶子模拟的是没有成熟的绿色石榴。

因为气候干旱炎热，埃及人在园林设计中注重布置水和遮阴元素，在池塘边除了栽种果树，他们还喜欢修建可以支撑葡萄藤的墙壁或柱子，栽种的葡萄既可以收获酿酒，也可以让人们在藤蔓之下悠悠享乐。这些墙壁、柱子上大多装饰着人物、动物、植物形象的彩绘壁画，比如常见蔷薇花的图案。

古埃及人的寺庙、墓园、私人住宅往往也拥有或大或小的园林，有时墓葬中还陪葬陶土、木头制作的园林模型，让他们的主人在冥界可以继续享受。寺庙附属的园林经常采用规则布局栽种成排的无花果树、埃及榕、柳树、棕榈树等。

第三节　古希腊：东方的影响

17世纪时，著名的法国画家尼古拉斯·普桑（Nicolas Poussin）曾经参照拉斐尔在梵蒂冈的壁画，描绘太阳神阿波罗和灵感女神们在帕纳苏斯山上与诗人们雅集的场景：一位盲眼诗人（可能指荷马）正将自己的著作献给太阳神，太阳神赐给他一杯美酒或者花蜜，而几个小天使正在将甜月桂树枝编成的头冠献给诗人，还有两个小天使舀出圣山上的泉水分给诗人们，象征着神灵赐诗人以灵感。

这幅画虽然是神话题材，但是诗人们在树林中间、泉水之侧的阴凉处集会的场景无疑有真实的历史渊源。古希腊人常常在山顶祭祀神灵，帕纳苏斯山就修建有祭祀太阳神阿波罗、酒神狄俄尼索斯（Dionysus）等神灵的神庙，神庙周围的林木会受到保护，不许砍伐，还有些高山深谷中泉水涌出之处被奉为圣地，附近的林木也受到尊崇和保护，城邦居民常常聚集到泉眼边、树林中祭祀神灵。

在古希腊早期，这类神庙、圣林、圣泉周围的林木是自然形成的，虽然受到保护，但没有人工栽种的痕迹。那时古希腊各个城邦的人的生活方式相当质朴，城邦制度下也没有出现波斯那样拥有广阔国土和巨大财富的集权帝王，因此城邦中的国王、贵族没有修建盛大园林的习惯。一些大家族可能拥有实用性的果园，种植石榴、梨、苹果、无花果、

太阳神和缪斯们

布面油画，1630 - 1631 年

普桑

柏拉图的学园
马赛克拼贴，公元前 1 世纪

橄榄等植物，可是并没有修建游乐性的园林。因此《荷马史诗》中关于树木、花卉和园林的记述非常简略，似乎都是指果园。

公元前4世纪的雅典作家色诺芬曾经到波斯远游，回来后在雅典栽种布置了一小片林木作为自己的园林，这可能是希腊第一个游乐性的园林。在波斯、叙利亚等东方文化的影响下，希腊人才开始注重花木的栽培种植，例如在叙利亚人的影响下，雅典的妇女会在屋顶上竖起阿多尼斯雕像，周围环列土钵栽种莴苣、茴香、大麦、小麦等植物，这种屋顶花园被称为"阿多尼斯花园"。

之前希腊人四面环绕列柱廊的中庭全是铺装地面，装饰着雕塑、瓶饰、大理石喷泉等，后来有人露出土地或者修建花坛种植各种花草，形成柱廊园，其中栽培的花卉以蔷薇最受青睐。希腊人发明了蔷薇芽接繁育技术，培育出重瓣的品种。这种柱廊园和在花坛中竖立优美雕像的做法后来被罗马人继承和发扬，对欧洲园艺产生了重要影响。

希腊人对园林的另一个影响是他们的喷泉技术相当发达，可能受波斯人的影响，他们开始铺设、修建泉池，并对相关技术做了重要的改进。公元前6世纪雅典的僭主庇西特拉图在雅典主市集的广场上建造了一座喷泉，共有9个泉眼为居民提供饮用水。当时古希腊城邦多是利用人工修建的渡槽从附近的山中或河流引水到城镇，终点往往就是一处公共喷泉，古希腊用石头或者大理石修建泉池，泉水利用简单的重力落差，从埋设铜水管的狮子等动物的雕像口中喷出，后来古罗马人把这种喷泉技术大规模用在了公共广场、宅邸园林和庄园园林中。

最早古希腊的学者常常在城邦中的露天广场辩论讲学，那里干热难耐，而且发言容易引起非议，后来一些人就到相对僻静的城郊有大片树荫的地方讲学。公元前4世纪，哲学家柏拉图首开此风，他讲学的学园位于纪念英雄阿卡德莫斯的悬铃木树丛中。

柏拉图的学生亚里士多德在雅典城东郊创建的吕克昂学园更是名声在外。那里原来有一座祭祀太阳神阿波罗的神庙，附近有树林和体育场，曾被雅典人用来训练新兵、举办露天会议、进行公开辩论。公元前335年马其顿王国控制了雅典，50岁的亚里士多德从马其顿宫廷中回到雅典，买下一块土地开辟了最初的学园，陆续创建了小型的图书馆、博物馆、植物苗圃、动物园等，他的学生亚历山大大帝东征时曾把收集的动植物标本送到这里。亚里士多德常在这里的悬铃木、油橄榄树、榆树下散步，在攀缘着藤蔓的凉亭下探讨和传授道德、逻辑、科学、政治、生物等各个方面的知识，他对各种物种按照性状进行分类和比较的逻辑方法、实验和观察的研究方法，都对后来欧洲的学术和科学发展产生了深远的影响。

公元前 323 年亚历山大大帝逝世后，雅典人开始反抗马其顿王国的统治，也对亚里士多德有了不满，次年亚里士多德和家人不得不逃离雅典，把这里留给了自己的学生、"植物学之父"提奥弗拉斯特斯（Theophrastus）。后者一边在这里教学一边撰写了《植物研究》，研究记录了约 500 种植物。虽然在园林设计方面希腊人并没有多大建树，可是希腊人对花卉、香料植物的研究要比埃及人、波斯人深入。

吕克昂学园继续运转了 200 多年，直到公元前 86 年罗马将领苏拉攻占雅典时才完全废弃，那里的藏书也被运往罗马。1996 年，雅典市在修建现代艺术博物馆选址时发现了吕克昂学园的遗址，经过考古挖掘和整理，将其开辟成了一处可以参观的文化遗址。

第四节　古罗马：哈德良庄园

哈德良庄园（Hadrian's Villa）边缘的一个角落，一户穷人在古罗马高架引水渠的拱洞上搭建了简陋的房屋，下面的洞里饲养着山羊，还有两个女孩正在空地上玩耍。18 世纪中期威尔士画家理查德·威尔逊（Richard Wilson）来到哈德良庄园时，这里还是一片乏人问津的废墟。到了 19 世纪末意大利统一以后，才开始有人管理这处庄园遗址，之后，政府和学术机构对意大利境内类似的废墟逐一进行了详细的考古挖掘和整修，并开发成一处处买门票才能进入参观的旅游景点。

理查德·威尔逊是风景画创作的先驱人物之一。18 世纪英伦三岛兴起了探寻"如画美"的文化思潮，许多人前往自然山水、古代废墟中寻找那些可以激发人们产生崇高、愉悦感受的景观，画家们也常常描绘这类题材的作品。1750 年至 1757 年理查德·威尔逊在意大利研修绘画

哈德良庄园：卡诺普斯神庙
蚀刻版画，1769 年
乔瓦尼·皮拉内西

左：哈德良庄园
布面油画，1775 – 1782 年
理查德·威尔逊

并参观古迹，开始专注风景画的创作，这些描绘意大利古迹废墟、自然景观的作品奠定了他在英国艺术界的声誉。

哈德良庄园所在的蒂沃利(Tivoli)位于罗马以东 30 千米处，是一个有山有水的山丘地区，通向罗马城的阿尼奥河引水渡槽也从这里经过，因此水资源丰富。公元前 2 世纪的罗马皇帝哈德良喜欢旅行和修建大型建筑，他曾经在帝国的各个行省巡游，下令在罗马修建万神殿、维纳斯庙、罗马庙等著名建筑。

公元 118 年，哈德良开始在蒂沃利修建庞大的庄园。这座庄园占地至少 1 平方千米，修建有 30 多栋建筑，包括长方形的半公共性花园、户外游泳池、室内游泳池、图书馆、浴场、剧场、运河等，设置了不同的景观组团。另外这里还安置了他搜罗来的古希腊雕塑，模仿修建了埃及、希腊风格的建筑，这种注重怀古和异国情调的趣味也对后世欧洲园林设计产生了影响。

哈德良庄园的最大特色是对水的利用。引水渠中的水流入庄园南端的水塔，顺着铅管导向 10 个蓄水池供各个区域的人使用或者用于造景。这里至少有 30 个单嘴喷泉、12 个莲花喷泉、6 个水帘洞，皇帝可以坐在水池边的大理石座位上一边享用美食，一边观赏戏剧表演。128 年后哈德良长期居住在这里处理政事，所以这里设置了法庭等常设机构。另外，别墅下面还建有地下隧道供奴仆走动。

在 18、19 世纪画家的笔下，意大利、西班牙乃至欧洲各地的古罗马遗迹都是一片片的废墟，常常杂草丛生，穷苦人、流浪汉常把这些地方当作暂时容身的处所。荷兰画家亚伯拉罕·梯林克（Abraham Teerlink）长期在罗马定居，他的绘画《蒂沃利瀑布》描绘了这些文化废墟和村镇生活的关联。他描绘了峡谷中的瀑布景观，对面的古迹经过整修，成了外国游客游览的景区，而山谷这一侧则是农民养牛放羊的村俗生活场景。这位画家对山谷、瀑布兴趣浓厚，画了许多这方面的作品，对他来说，古迹仅仅是山水画的一个背景和元素。

古罗马人是受到希腊人影响才对园林产生兴趣的。起初罗马人的生活方式非常的质朴，随着罗马城邦的壮大，他们逐渐成了地中海沿岸的强权势力，公元前 146 年罗马共和国彻底征服希腊各城邦，设置为一个行省进行管理，希腊人的柱廊园、花木以及相关的知识传入罗马，贵族富豪竞相效仿修建类似的园林。

古罗马的园林大致可以分为两类：

一类是城镇私人宅邸中的柱廊式中庭和露坛式后花园。柱廊式中庭的中央通常是一座喷泉，四周花坛里栽种着花卉。后花园中通常种植花木、果树、蔬菜，常设置鼓泡喷泉。从庞贝和赫库兰尼姆的遗迹中可以看到当时的富贵人家多数都有自己的花园，墙壁上也喜欢装饰精美的花木题材壁画。

另一类是郊区别墅、庄园中的大型园林。公元 1 世纪以后罗马帝国的皇帝、权贵为了避暑和游乐，兴起在郊外山坡修建庄园的风尚，此后罗马城外的郊区出现了 180 多处大小园林。大型园林常包含池塘、喷泉、林地、花圃等，除常见的花台、花坛，还出现了木格棚架、藤架、草地覆被的露台、花台镶嵌的甬道、绿色植物雕刻的装点，以及蔷薇园、迷园等主题园林。

罗马贵族把他们对园林的爱好传播到帝国的每个角落，从伊比利亚半岛至英伦三岛，从北非到小亚细亚，主要城镇中的权贵纷纷修建罗马风格的宅邸、庄园。历经千百年的风雨，大多数地方的古罗马园林已经消亡，残存的一些园林遗迹对中世纪和文艺复兴时期的园林设计产生了影响。

4 世纪以后罗马帝国逐渐衰落，哈德良庄园也遭到废弃，有价值的雕像和大理石转移到其他地方，后来还有民众在这里设立石灰窑，焚烧这里的大理石提取石灰作为建筑材料。16 世纪时的红衣主教伊波利托·埃斯特(Ippolito II d'Este)将这里残余的一些大理石和雕像拆除用来装饰自己的埃斯特庄园。18 世纪时，这里挖掘出来一些雕像、建筑残件，被卖给了罗马的教会高层、贵族，部分流入了意大利以外的欧美收藏家手中。

16 世纪至 19 世纪，罗马城中心的古迹可谓当时欧洲最大的一座"废墟公园"，欧洲各地的文人、画家纷纷前来访古，写下自己的游记，画出自己的作品，也有古玩商在这里交易各种文物。

16 世纪的德国画家赫尔曼·波斯蒂默斯(Herman Posthumus)曾在一幅名为《罗马废墟》的绘画中呈现过这一时期的景观。他用自己的想象对罗马的历史和 65 座废墟、雕塑等进行了重组：在罗马的各种陶罐、雕塑、建筑残迹之间，有人在游览，有人在写生描绘，也有人在测量和挖掘。画面中有些物品经过了画家的"想象性处理"，如画面左侧的托洛尼亚花瓶在现实中是完整的，但是画家将它画成碎片状。最前面似乎描绘了 1480 年左右在圆形大剧场北部发现的尼禄"金色住宅"的装饰残迹——这是当时罗马最著名的遗迹。最前面的白色大理石墓碑上写着从奥维德的《变形记》中摘取的格言：

哦，贪婪的时间，和嫉妒的年龄，你们摧毁了一切。

1870 年意大利统一以后，政府和文化界才在发扬传统的文化意识和开发旅游的经济意识促使下重视对古罗马废墟的保护，各级政府、学术机构对各地的废墟进行考古研究、整修保护，将许多废墟开发成了世界闻名的旅游景点。

罗马废墟

布面油画，1536 年

赫尔曼·波斯蒂默斯

第三章　波斯－伊斯兰园林

12 世纪末,波斯诗人尼扎米(Nizami)在长篇叙事诗《五卷诗》中提及一位青年和蓝色公主的爱情故事,之后 14 世纪的印度苏菲派诗人胡斯劳(Amir Khusrau Dihlavi)把这个故事改编成详细的叙事诗,讲述一位青年和公主每天晚上在花园中相会的故事。一位印度画师给胡斯劳的诗集创作的插图中描绘了一座波斯－印度风格的园林,以左上角的水车作为提灌设施将水流引入花园,通过窄小的渠道流向花园方向,花园的中心有一座凉亭,亭子前可以看到大理石砌的水渠和一个长方形的池子。可以想象这座花园的全貌是有 4 条水渠把园林分成十字形的规则布局,应该是一座典型的波斯四分园林(charhar bagh)。

类似犹太人的《旧约全书》,波斯琐罗亚斯德教(拜火教)的经典记载神灵在东方创建了一座丰盛的果园,浇灌果园的水流出园林以后分成了 4 条河流,这成了波斯"四分园林"的设计美学。之后随着信奉伊斯兰教的阿拉伯人对这种设计理念的接纳和传播,它成为伊斯兰教覆盖区域内的主流园林形式。

第一节　波斯:四十柱宫的倒影

波斯园林的雏形最早出现于约公元前 4000 年左右,从那一时期古波斯陶器上的装饰图案中依稀可以辨认出垂直交叉形式的树木和道路分布格局,这可能是受到两河流域阿卡德人的影响,后者最早用"pardesu"形容那些有树木的凉爽之地,阿卡德、亚述的权贵经常在庭院中种植树木用来遮阴,逐渐形成了早期的园林。

宫廷花园中的四个女人
细密画,18 世纪中叶

公元前 500 年左右，波斯阿契美尼德王朝的开创者居鲁士大帝在帕萨尔加德（Pasargadae）的宫殿中修建了果园、花园，用道路将园林分成 4 块区域，园中还修建了精致的水池。自阿契美尼德王朝起，"人间天堂"式的四分园林就成了国王和贵族的追求，这种设计思想也通过波斯文学作品、战争征服等方式传播至周围的各个文明中。

公元前 401 年，雅典作家色诺芬曾加入雇佣军到波斯协助小居鲁士争夺波斯王位，他在波斯参观了当地王侯规模宏大的猎苑，记载王宫花园中以相同的间隔规则种植美丽的树木，国王经常在充满香味的园林中散步乘凉。后来，跟随亚历山大东征的希腊将军们也对波斯王侯的园林印象深刻，统治埃及的托勒密王室就在首都亚历山大城修建的宫殿、竞技场中设置了花园，在宫廷庭院中布置了众多美丽的盆栽植物。

3 世纪至 7 世纪萨珊王朝时期，琐罗亚斯德教在波斯崛起，他们尊崇天空、水、大地、植物这些元素，包含这些元素的园林则成为让人宁静和反省的地方。波斯人在花园修建 4 条水渠象征天堂流出的 4 条河流，分割的 4 个区域代表世界，4 条水道相交的矩形水池是花园的中心，可以是小型喷泉、水池、凉亭，也可以是巨大的游泳池。水的流动对炎热地区来说至关重要，它可以给庭院带来凉爽和湿度，还方便了灌溉。这种园林设计思想很早就传播到附近地区，如 5 世纪斯里兰卡的锡吉里亚王家花园就是如此。

651 年，信奉伊斯兰教的阿拉伯人征服了波斯，他们承袭了波斯人的四分园林的理念，重新解释说园林中 4 条水渠象征天堂流出的 4 条河：乳河、蜜河、水河和酒河。随着伊斯兰教势力的扩展，这种四分园林广泛传播到西亚、北非、中亚、南亚乃至南欧一些地方。

波斯人、阿拉伯人在园林设计中也借鉴了欧洲的技术，比如波斯原来的喷泉仅仅是利用自然重力让泉水缓缓流动，但是到了 9 世纪，波斯发明家巴努·穆萨三兄弟总结古希腊、古罗马的工程知识，写了一本介绍各种奇巧发明的书籍，其中就有 3 种不同形态的喷泉、建造的方法。13 世纪初，伊拉克的工程师加扎利（al-Jazari）记录奥斯曼土耳其帝国君主的宫殿中已使用机械喷泉泵来营造喷泉。在那前后，波斯、阿拉伯的权贵纷纷采用虹吸原理让自己花园里的泉水从雕塑中喷涌出来，

或者像吐泡泡一样缓缓泛出，给园林增加了更多更有趣的水景、水声。

　　在中世纪末和文艺复兴初期，14 世纪的伊本·白图泰（Ibn Battuta）、15 世纪的克拉维约（Ruy González de Clavijo）等人的游记把阿拉伯园林的设计思想传播到了欧洲。17 世纪末，曾到波斯游历的德国植物学家、旅行家恩格柏特·坎普法（Engelbert Kaempfer）在游记中详细介绍了那里的四分园林，还把这些园林的布局绘制成详细的插图出版，对后来欧洲的文艺复兴园林、巴洛克园林设计产生了一定影响。

　　伊朗现存的最古老的园林是 1590 年阿巴斯一世在卡尚始建的芬花园（Fin Garden），后来经过萨法维王朝、赞德王朝和恺加王朝不断改造、装饰，可以说混合了多个朝代的特色。园林的格局则没有大变，从背后山坡上引来的山泉水流入花园的蓝色水渠中，水渠每隔一小段便有一个小喷泉，水流在中轴线最中心的凉亭前汇聚成方池。国王和贵妇们喜欢坐在凉亭下享受凉风，一边喝着冷饮一边聆听汩汩的喷泉声。

　　之后伊朗历代国王的花园规模越来越大，常常将多个宫殿、花园

古列斯坦王宫的大理石台座
素描插图，1840 年
帕斯卡·科斯特

组成巨大的宫苑，比如 1647 年阿巴斯二世在伊斯法罕修建了多个建筑、庭院组成的皇家宫苑，其中之一就是著名的四十柱宫（Chehel Sotoun），入口的门厅由 20 根细长的木柱支撑，据说在水池中反射之后看起来像 40 根，因此得名。进入门厅以后有一个长方形的水池，从大门一直通向宫殿台阶之下，水池两侧是步道和蔷薇花圃。水面可以倒映半开放的宫殿和露台，也给这座宫苑带来一丝丝清凉。国王喜欢在这里的露台或者靠内的接待大厅招待宾客，接待大厅四壁和穹顶上有精美的壁画描绘历代国王的光辉事迹：如何与奥斯曼苏丹争夺霸权，如何接待乌兹别克国王，如何欢迎到伊朗避难的莫卧儿皇帝胡马雍等。

德黑兰的古列斯坦王宫（Golestan Palace）是波斯古典园林最后的辉煌，这是一个庞大的宫廷建筑群，有 17 座宫殿、博物馆等建筑和数个花园。"Golestan"在波斯语中的意思是"有花的地方"，因为王宫的入口在一个种满玫瑰的花园的后面，也被称为"玫瑰宫"。

这块地方最初是萨法维王朝在 16 世纪修建的一座城堡，后来赞德王朝的卡里姆汗（Karim Khan）将这里翻新改造作为自己的行宫，到了

古列斯坦王宫的镜厅
布面油画，1896 年
卡玛勒·奥尔·莫克

18 世纪末恺加王朝定都德黑兰以后把这里当作正式的皇宫，现在保留的建筑绝大多数都是 18 世纪、19 世纪修建的。如 1872 年伊朗国王纳赛尔·丁·沙赫（Hall Nasser ed Din Shah）第二次巡游欧洲之后对那里的博物馆展出文物、艺术品的方式印象深刻，回来后下令在王宫中修建博物馆厅，展出王室收藏的绘画、珠宝等皇家文物。

这座王宫的建筑中最具特色的是镜厅，外墙镶嵌的马赛克拼成一幅幅拱穹形的壁画，宫殿内的圆形顶部和四周墙壁都用小块镜子和彩色玻璃镶嵌，地板上铺满了马赛克，与透着阳光的天窗、璀璨耀眼的灯饰交相辉映，流光溢彩。

这里的庭院仍然是波斯风格的四分庭院，花木种植则参考了近代欧洲园林的设计。这座宫殿中对水景的处理非常有特色，比如从装饰精美的卡里姆角（Karim Khani Nook）的露台可以看到外面池塘的风景，这个露台的中央有一个地下喷泉，流出的水可以浇灌附近的园林。王室避暑休闲的池塘屋（Howz Khaneh）也有特殊的系统可以将水从地下渠道泵入室内的小池塘，让这里格外凉爽，然后水顺着渠道流到外面。

第二节　印度：泰姬陵的爱与恨

　　扎希尔丁·穆罕默德·巴布尔不仅攻占北印度开创了莫卧儿帝国，还把波斯的四分园林引入了印度。1526 年，他在阿格拉修建了第一个波斯风格的宫苑"亚兰花园"（Aram　Bagh）。阿格拉是那个时代莫卧儿皇室统治的中心，北印度最大的城市，众多权贵、文人、商人会聚在这里，他们的宅邸也常常拥有美丽的四分园林。

　　1528 年在喀布尔修建的巴布尔陵墓首先将皇帝的户外墓碑和有围

巴布尔监督花园建造（局部）
细密画，1483 – 1530 年
帕斯卡·科斯特

墙的花园结合起来。之后,巴布尔的儿子胡马雍的陵墓则把圆顶陵墓建筑和几何对称的四分"天堂花园"(Charbagh)组合在一起,为后世莫卧儿皇帝树立了新的陵墓建筑范例。

位于阿格拉亚穆纳河南岸的泰姬陵是波斯园林在印度的集大成者。莫卧儿皇帝沙贾汗和皇后穆塔兹·玛哈尔感情深厚,1631年玛哈尔死于产后并发症,沙贾汗感到悲痛万分,之后的两年他放弃了华服、音乐,决定为亡妻修建一座美轮美奂的陵墓。1632年至1654年修建的这座巨大的陵墓和花园综合体占地17公顷,包括4个部分。

前庭(jilaukhana):从繁华的集市街(Taj Ganji)的3个入口可以进入前庭,前庭以花园为主体,四角分布着4座附属建筑,北侧花园围墙下有2座守墓管理者的哨岗,而南侧的2座名为"女性友人之塔",这是提供给贵宾的休憩场所。

中庭花园:在前庭略加休息之后,客人穿过雄伟壮丽的城堡式拱门可以看到一个名为"丰盛之池"的长方形大理石水池,它贯穿了拱门和陵墓之间的大花园。穿插在花园中的步道把花园分成了四大部分和16个小花圃。

陵墓建筑:包括大理石高台上的泰姬陵、赤砂色基地上的白顶红砂岩外形的清真寺以及与清真寺相对的对称建筑"加瓦"(Jawab)。后者可以供贵宾休息,对称建筑和清真寺上各有观景凉亭可以眺望周围的景观。

"月光花园":与泰姬陵隔着亚穆纳河相望的是一座规模宏大的临河花园"月光花园",以大型八角形水池为中心,水渠和道路把花园分为4个部分,带有25座喷泉,花园里面种植了番石榴、夹竹桃、木槿、柑橘、印度楝树等树木和花卉。可惜后来因为洪水淹没、管理不善等原因,这座"月光花园"变成了一片废墟。

沙贾汗自己是个悲剧人物,他晚年时儿子们为了皇权彼此争斗,他和穆塔兹·玛哈尔的儿子奥朗则布取得了最后的胜利。奥朗则布把沙贾汗软禁在阿格拉堡的一间能够看到泰姬陵的房间里长达5年,只有大女儿可以来探望他。1666年沙贾汗去世后,也埋在了泰姬陵中。

莫卧儿皇帝和各地的藩王、土邦邦主喜欢将宫殿、园林修建在湖边或者河边,不仅取水方便,还是乘凉、观景的好地方。17世纪的一位印

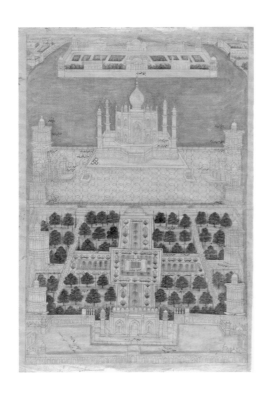

度画家描绘了莫卧儿皇室公主在临河宫殿的露台上接待访客的场景：斜躺在榻上的公主正与坐在椅子中的贵妇人交谈，地上摆着饮料、蜜饯、干果等食物，露台上有个小型的下沉四分花园，中央有个小水池，侍女正在放出宠物鸭子到水池中，供贵客观赏它们优美的游姿。

印度另一个著名的临湖宫殿在乌代浦尔（Udaipur）。11 世纪时，拉吉普特各部族组成联军长期抵抗莫卧儿王朝的军队，莫卧儿皇室不得不允许拉吉普特人在拉贾斯坦地区的部落保持相对独立，作为莫卧儿王朝的藩属国存在。16 世纪中期，藩王乌代·辛格二世（Rana Udai Singh Ⅱ）选定谷地中的乌代浦尔作为驻地，修筑石坝拦截泉水形成一座半天然半人工的湖泊皮丘拉湖，解决了城市发展急需的饮水和灌溉问题，之后藩王和贵族们纷纷在水边修建宫殿、府邸，大多都带有可以俯瞰湖面的花园。

藩王的宫殿如今被称为"城市宫殿"，是个巨大的建筑群，从拥有 8 个拱门的圣象之门（Ganesh Deori）进入后有个巨大的庭院，庭院南边的桑伯胡·尼瓦斯宫（Sambhu Niwas）目前仍为潘王家族所居住，不对外开放,两侧的希瓦·尼瓦斯宫(Shiv Niwas)和法特帕喀什宫(Fateh Parkash Palace)已经改造成高级旅馆,中间的正殿则作为博物馆向大众开放,不同的房间分别展示绘画、兵器、细密画等皇家收藏。

历代藩王对这座宫殿都花了大量的心思,修建或装饰了一些风格突出的房间,有比利时彩色玻璃砌成的卧室、专门养鸟的庭院以及镶嵌美丽的玻璃碎片的孔雀庭,甚至还有用青瓷砖装饰的中国厅。宫殿中所有的房间靠高大通透的廊道相连,这种设计有利于室内的通风和凉快,让王公贵妇们可以安然度过印度炎热的夏季。

后花园的中心是个白色的镂空凉亭,这是王妃们乘凉饮宴的地方。而宫殿的最高处是藩王住宅上面四面通透的顶层露台,一边可以欣赏到皮丘拉湖的碧水,另一边则能眺望整个城市高高低低的房屋。乌代浦尔阿马·辛格二世(Maharana Amar Singh Ⅱ)时的宫廷画家斯提帕大师曾经创作了很多描绘藩王和妃嫔在后宫生活的场景绘画,画中的花园里栽种着美丽的树木、花卉,饲养着猎狗、孔雀、天鹅和鸣鸟,国王经常在俯视花园的露台上抽水烟休闲,花园中的水池中则养着红色的金鱼。

1743年,乌尔浦尔藩王贾干·辛格二世(Maharana Jagat Singh Ⅱ)乘旱季皮丘拉湖水位变低的时候,在湖中央的加格·尼瓦斯岛(Jag Niwas Island)上修建了一座避暑的夏宫。1921年英国皇太子威尔士亲王参观岛上的这座小宫殿时赞叹不已,随行的作家形容它是"银河中的梦幻宫殿":象牙白的宫殿倒影随着幽蓝的湖水荡漾,的确会让人产生这种美妙的幻觉。1971年后这座宫殿改为对外开放的湖上饭店(The Lake Palace),是印度最著名的奢侈酒店之一,无缘入住的人只能乘坐游船在外围观望。

可以说,笼罩着一层雾气的皮丘拉湖是这个小城的灵魂,带来了这座小城所有美好的那一面,柔美、隐逸以及平静。相比之下,阿格拉、德里等大多数印度城市都带有太多的尘埃气息。

乌代浦尔藩王阿马·辛格二世和
妃嫔在后宫图画厅外
纸上水彩、墨水、金箔，
1707 – 1708 年
传为乌代浦尔斯提帕大师绘

阿马·辛格二世休闲图

纸上水彩、金粉，1705 年

第四章　中国皇家宫苑

3600 年前殷商时代的甲骨文中就有"囿""园""台"等字眼，当时的王侯贵族已经有了用来狩猎的"囿"，种植果树的"园"，用于观察天象和赏景的高台建筑"台"。

如《诗经·灵台》就歌咏周文王修建了"灵台"之后，把附近的山林池沼设置为游猎的"灵囿"，那里生存着各种鹿、鸟、鱼：

> 经始灵台，经之营之。庶民攻之，不日成之。
> 经始勿亟，庶民子来。王在灵囿，麀鹿攸伏。
> 麀鹿濯濯，白鸟翯翯。王在灵沼，于牣鱼跃。
> 虡业维枞，贲鼓维镛。于论鼓钟，于乐辟雍。
> 于论鼓钟，于乐辟雍。鼍鼓逢逢，蒙瞍奏公。

商周以后，历朝君主的权力越来越大，他们修建占地广大的宫殿，开辟众多"宫苑""御苑""御园""行宫""离宫"等君主独享的园林。在中国历史上，诸如汉武帝、宋徽宗、乾隆皇帝都曾利用其政治经济特权营造庞大的园林，在园林史上留下了浓墨重彩的遗迹。

第一节　阿房宫：秦始皇的秘密

北京故宫博物院收藏有一件清代画家袁江绘制的《阿房宫图屏》，描绘的主题是历史上著名的"阿房宫"。画家凭借自己的想象绘制了一系列巍峨妖娆的山岭和一组组带有神秘色彩的宫殿，山间水畔各种楼

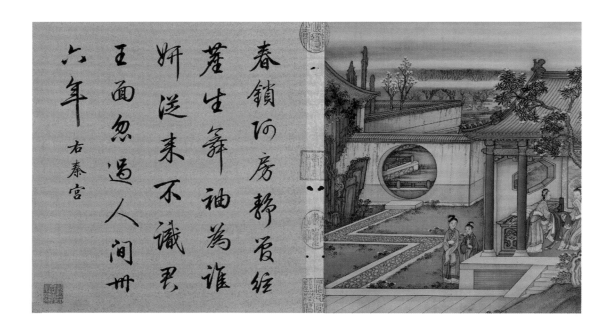

秦宫词（《十宫词图》十
开册页之一）
绢本设色，清代
冷枚（绘）、梁诗正（书）

阁水榭如同浮在水云之间，中间的院落里妃嫔正在游赏、嬉戏、欢宴。这幅绘画描绘的山体犹如太湖石一样有着曲折的形体，显然是明清江南画家的虚构。阿房宫所在的咸阳渭水之滨地势较为平坦，附近并没有高耸的山峰。

在中国艺术史上，元末以后绝大多数画家描绘历史故事和主题都是如此处理，他们仅仅沿袭固有的文学性主题给予想象性的呈现，并不会进行实地考察和写生，所绘制的山水、建筑、服饰大多拼凑不同时代绘画中的元素，并不在乎秦朝时候是否真有那样形式的宫殿、秦人是否穿着那样的衣服。

比如清代乾隆时期的宫廷画家冷枚创作的《十宫词图》十开册页之一《秦宫词》，虽然名义上描绘的是秦朝的后宫，但建筑形式、服饰风格都不符合秦朝真实的风貌，而是明清绘画的俗套形式。这是乾隆皇帝刚继承帝位后命令画家创作的一组绘画，或许意在"成教化，助人伦"，用来教育后宫妃嫔。可是从情调上看这一组作品更像是表现宫廷生活的风俗画，大臣梁诗正书写的乾隆皇帝之诗也仅仅感叹时移世变，并没有进行明显的道德劝喻：

> 春锁阿房静管弦，尘生舞袖为谁妍？
> 从来不识君王面，忽过人间卅六年。

袁江这幅《阿房宫图屏》卷末有清末民初陕西名士宋伯鲁撰录的杜牧名作《阿房宫赋》，这篇华丽的赋文极力夸张阿房宫的规模和奢华，声称它"覆压三百余里，隔离天日。骊山北构而西折，直走咸阳。二川溶溶，流入宫墙。五步一楼，十步一阁。廊腰缦回，檐牙高啄。各抱地势，钩心斗角。盘盘焉，囷囷焉，蜂房水涡，矗不知其几千万落"，然后感叹秦王的暴政引起天下的怨恨，导致"楚人一炬，可怜焦土"。

"项羽火烧阿房宫"是唐宋诗人热衷议论的话题，也是明清画家追想的对象。可是，这里隐藏了一个巨大的误会。

历史上，秦始皇一直在渭河北侧的咸阳宫处理政务，秦始皇三十五年（公元前212年）他下令征集70多万人修建秦始皇陵和阿房宫，后者位于渭河以南的皇家猎苑上林苑内，建成后将作为新的朝见宫殿，与咸阳宫隔河相望。两年之后，秦始皇在东巡途中病逝，为了给秦始皇陵寝覆土，秦二世胡亥把修建阿房宫的劳力全部征调到骊山去忙碌，等到第二年才又下令抽调一部分劳力继续修建阿房宫。这时天下大乱，左丞相李斯等人曾进谏，劝秦二世不要再修阿房宫，可不仅工程没有停止，秦二世、赵高还把李斯腰斩了，一年多后秦朝也灭亡了。

阿房宫有没有建成在司马迁的《史记》中并没有明确记载，他只是写到项羽进入咸阳后让人烧毁秦朝的宫殿，大火足足燃烧了3个月，并没有提烧的是哪些宫殿。之后东汉史学家班固在《汉书》中明确说阿房宫"未成"，秦朝就灭亡了。

2007年中国社会科学院考古所和西安文物保护考古所勘查发现，阿房宫仅仅修筑了部分夯土台基，在东、西、北三面建筑了高大的围墙，地上并没有大面积的建筑残留或者大面积焚烧的痕迹，而渭河以北的秦朝咸阳宫遗址确实发现了大片火烧的遗迹。考古学家由此认定项羽实际上只烧了咸阳宫，而阿房宫的地上宫殿建筑还没有修建，自然也没法焚烧 。[1]

不过，规划中的阿房宫确实规模宏大，考古学家测量发现阿房宫夯土台基东西长 1270 米、南北宽 426 米，面积达 54.1 万平方米，其中前殿东西为 693 米，南北 116.5 米，面积达 8.07 万平方米。也有学者认为秦始皇修建的并不是常规的宫殿，而是用于观测天象、朝会的户外高台建筑。

有趣的是，这座秦始皇、秦二世未能建成的"宫殿"却在南北朝以后的诗文中"矗立"了起来，诗人鲍照在《拟行路难十八首》中首先以阿房宫为"典故"用来表现盛衰变化的无常和迅速：

> 君不见柏梁台，今日丘墟生草莱。
> 君不见阿房宫，寒云泽雉栖其中。
> 歌妓舞女今谁在，高坟垒垒满山隅。
> 长袖纷纷徒竞世，非我昔时千金躯。
> 随酒逐乐任意去，莫令含叹下黄垆！

此后唐宋文人笔下频频提及阿房宫，明清画家也开始描绘各种"阿房宫"，这是一座在文学和绘画中构筑的"想象中的宫殿"，它是帝王奢侈无度的象征符号，是宏伟、精致、奢靡的极端，也因此成了"物极必反"的象征。

第二节　上林苑：汉武帝的张扬

明代的画家仇英曾经画过两幅有关上林苑的长卷，从司马相如的《上林赋》中取材，着力描绘山川连绵、宫殿巍峨、人马连绵的盛大场景，图中出现了帝王、后妃、侍从、官员、渔夫、船夫、军士各色人等，马、虎、鸡、鹤、狗、牛、鹿、羊各种动物，以及江河、湖海、瀑布、藤萝、溪涧、湍泉、房舍、宫殿、栈道、台阁等各种自然和人工景观。这幅画用笔工细，设色浓艳，华美的风格与司马相如赡丽的文风可谓前后辉映。

1　杨东宇、段清波：《阿房宫概念与阿房宫考古》，《考古与文物》2006 年第 2 期，第 51 - 55 页。

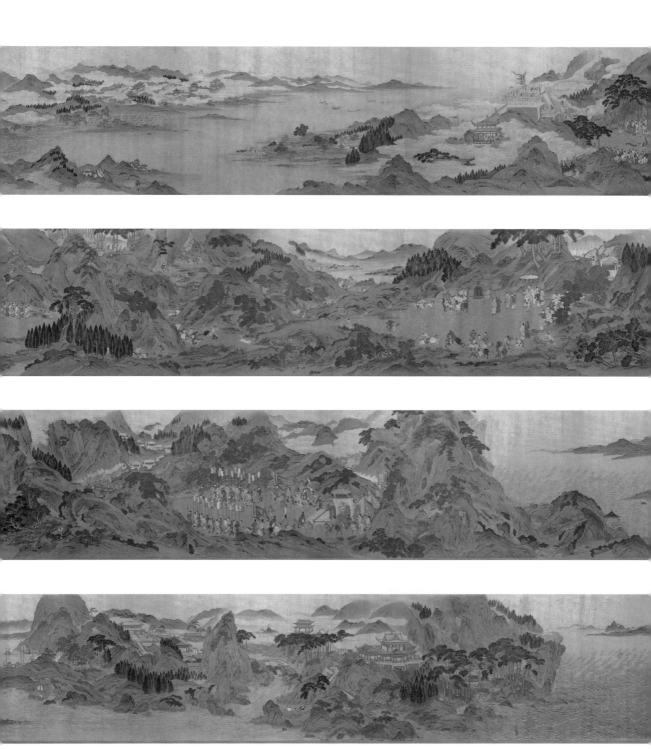

秦始皇灭亡六国、一统天下后在渭水南岸设立了大型皇家猎苑"上林苑",秦始皇三十五年(公元前212年)又下令在上林苑中修建阿房宫,可是阿房宫前殿的地基刚打好秦始皇就病死在巡游途中,不久之后秦朝灭亡,汉高祖刘邦把秦朝的宫苑都还作民田,分给农民种地。

汉武帝和秦始皇一样喜欢出游打猎,喜欢豪华的宫室。他在园林方面的最大手笔就是恢复和扩建上林苑。建元三年(公元前138年),汉武帝命太中大夫吾丘寿王有偿征收原来秦朝上林苑范围内民间的全部耕地和草地,重新设立了行宫"上林苑"供皇帝游赏射猎。

此后他征召众多工匠到此修建宫室,种植来自四方的花木,饲养各地进献的野兽。上林苑里规模最大的宫殿叫建章宫,前殿和未央宫一样高,"其东则凤阙,高二十余丈;其西则唐中,数十里虎圈;其北治大池,渐台高二十余丈,名曰太液池"[1]。汉武帝像秦始皇一样对方士所说的海中三座仙山蓬莱、瀛洲、方丈上生活的仙人羡慕不已,让人在太液池中堆筑三个小岛象征东海的瀛洲、蓬莱、方丈三座仙山,从此,蓬莱仙岛的意象开始出现于中国的古典园林设计中。后世许多园林都在水池中设置一个小洲或者赏石,代表自己心目中可望而不可即的仙山或者某种理想境界。

后来,上林苑又进一步向东部和北部扩展,东部扩至浐、灞以东,北部扩至渭河北,形成了周长340千米的巨大规模。苑内有离宫70所,地跨长安区、鄠邑区、咸阳、周至县、蓝田县五区县境,有渭、泾、沣、涝、潏、滈、浐、灞八水出入其中。司马相如《上林赋》中铺陈颂扬那里的亭台殿阁、奇花异草,描绘了汉武帝率领千乘万骑狩猎的壮阔场面。

建元二年(公元前139年),为了削弱地方豪强势力,汉武帝迁移天下27万户富有人家到长安附近的茂陵县居住,便于朝廷集中控制他们。其中富豪袁广汉有家童八九百人,他在咸阳北部北邙下修筑了盛大的庄园:"东西四里,南北五里。激流水注其中,构石为山,高十余丈,连延数里。养白鹦鹉、紫鸳鸯、牦牛、青兕,奇兽怪禽,委积其间。积沙为洲屿,激水为波涛,致江鸥、海鹤,孕雏产鷇,延漫林池。奇树异

蓬莱宫阙图
纸本设色,1901年
陆恢

---

1 [汉]司马迁 撰:《史记》,北京:中华书局,1982年,第482页。

草，靡不具植。屋皆徘徊连属，重阁修廊，行之移晷不能遍也"[1]，他如此豪奢的生活自然容易引起各种觊觎和非议，后来他被汉武帝借故诛杀，他的园林也被收归官有，园中的鸟兽树木都被移到了上林苑中。

可是汉武帝的后代对游猎的兴趣大为下降，汉元帝裁撤了管理上林苑的官员，同时把园中宜春苑所占的池、田发还给贫民耕种。汉成帝时又将东、南、西三面的苑地划给平民。西汉末年，王莽于地皇元年（20年）拆下上林苑中建章宫等十余处宫馆的材瓦营造新王朝的九处宗庙，之后在王莽政权与赤眉军的大战中，上林苑遭遇火烧、劫掠，变成了一片废墟。

第三节　骊山行宫：杨贵妃的温泉

长安回望绣成堆，山顶千门次第开。
一骑红尘妃子笑，无人知是荔枝来。

杜牧的《过华清宫绝句三首》、白居易的《长恨歌》等唐诗让人们把骊山的唐代行宫华清宫和唐玄宗李隆基、杨贵妃的爱情故事永远联系在了一起。这里就像阿房宫一样成了诗人们发思古之幽情的胜地，还多出了一份情爱纠葛和王朝兴衰的暧昧关联。

清代画家袁耀发挥想象绘成一组巍峨壮观的《骊山避暑图》，图中的楼阁建筑隐没于湖光山色之间，山水与楼阁相互辉映。山石的倾侧纵横与建筑的方正精巧、云水的若有若无彼此衬托，给人以仙境般的悠远感受。

在骊山泡温泉曾是几个朝代皇帝的爱好。据说秦始皇就曾在骊山有温泉的地方"砌石起宇"，修建了秦汉皇帝、贵族沐浴的"骊山汤"。北周武帝天和四年（569 年）在这里正式修建了石砌的温泉井供北周皇家成员沐浴，隋文帝开皇三年（583 年）又在这里修屋建宇，栽种松柏千株，已经初具行宫样貌。

唐太宗、唐玄宗曾两次大兴土木完善骊山行宫。贞观十八年（644

---

1 何清谷校释：《三辅黄图校释》，北京：中华书局，2005 年，第 234 页。

骊山避暑图
绢本设色，清代
袁耀

年）唐太宗命人扩建骊山上的宫室楼阁，倚山势修建了一系列宫殿楼阁，赐名"汤泉宫"，后来可能在唐中宗时更名为"温泉宫"，上官婉儿等曾随皇帝到此泡温泉并献诗纪念。唐玄宗在天宝六载（747年）把这里更名为"华清宫"，在周围修建道路供游览，还在行宫周围修建了"百司区署"供官员居住，在夏天暑热时唐玄宗和整个朝廷都会来这里办公。

华清宫的建筑依山面水，包含汤池、花园、球场等休憩场所，宫城之外有缭墙环绕，缭墙之外在山上和山下布设不同类型和用途的楼阁亭榭，同时还有芙蓉园、梨园、椒园、东花园等分布其间。唐玄宗和宠妃杨玉环夏季暑热之时常在此避暑游玩，张说这样的高官、李白这样的侍从都曾跟随皇帝前来这里，留下了不少诗文。王建的诗歌《温泉宫行》对皇帝来这里泡温泉的过程描述得最为仔细：

十月一日天子来，青绳御路无尘埃。
宫前内里汤各别，每个白玉芙蓉开。

朝元阁向山上起,城绕青山龙暖水。
夜开金殿看星河,宫女知更月明里。
武皇得仙王母去,山鸡昼鸣宫中树。
温泉决决出宫流,宫使年年修玉楼。
禁兵去尽无射猎,日西麋鹿登城头。
梨园弟子偷曲谱,头白人间教歌舞。

可惜盛极而衰,不久之后"安史之乱"爆发,"渔阳鼙鼓"声中华清宫的楼殿汤池变成了废墟,此后就很少有皇帝来这里泡温泉了。

倒是诗人、画家对这里的故事念念不忘,比如清代乾隆时期画家康涛绘制的《华清出浴图》描绘了刚刚洗完温泉的杨贵妃,她云鬓松绾,身披罗纱,两个宫女端着香露、首饰前来侍候,画中三人的衣服接近唐宋,而姿态神情也颇为精妙细致,要比同时期的类似题材作品出色。

骊山行宫之外,唐代皇室还在长安、洛阳有多处宫殿。首都长安城东北的"三大内"之中的太极宫、大明宫、兴庆宫附设有西内苑、东内苑、禁苑3座苑囿,大明宫东南角上的东内苑以龙首池为主体,后又将池填平改建为鞠场;大明宫北部的太液池中建有蓬莱山,池周围分布着麟德殿等宫殿。长安西北部的禁苑更是规模宏大,北临渭水,南至唐长安北城墙,南北约23千米,东西约27千米,周长120千米,是中国古代最大的禁苑,分布有柳园、桃园、葡萄园、梨园等树木景观和各种宫殿、亭子供帝后游赏。而在洛阳,唐代皇室继承了隋代的"西苑",它周长100千米,其中的大水池周长就有5千米。

唐太宗李世民对园林颇为留心,他让人在御花园中布置了一系列的山石,形成了"寸中孤嶂连还断,尺里重峦欹复正。岫带柳兮合双眉,石澄流兮分两镜"[1]的景观,在其中还栽种了桂花树、松树、兰花等花木,他在赏玩之余特别创作了一篇《小山赋》和一则五言绝句《咏小山》:

近谷交萦蕊,遥峰对出莲。
径细无全磴,松小未含烟。

1 李世民:《小山赋》,董诰等编《全唐文》,北京:中华书局,1983年,第47页。

　　唐太宗听说大臣许敬宗家的园林中有一个美丽的小湖，曾创作一篇《小池赋》赐给许敬宗。值得注意的是许敬宗是杭州富阳人，也对花木、园林、文学有浓厚兴趣，曾经在自家的花园中建起70间相连的连廊"飞楼"，人可以骑马在上面穿行。

　　为了避暑、游乐，唐太宗还让人修复了隋文帝杨坚在宝鸡麟游县修建的离宫"仁寿宫"，更名为"九成宫"。这座离宫距离长安约160千米，以天台山为中心，依据山势修建宫殿，山顶有一座阔五间深三间的大殿，山上山下建有大宝殿、丹霄殿、咸亨殿、御容殿、排云殿、梳妆楼等建筑，山上缺乏水源，需要从山下河边"以轮汲水上山，列水磨以供宫内"。

　　贞观六年（631年）春夏之际唐太宗第一次到这里避暑，游山时发现一块地方比较湿润，用拐杖挖开就有泉水涌出，朝臣把这个泉眼命名为"醴泉"，视为天下清平才出现的祥瑞，大臣魏征特别撰文《九成宫醴泉铭》，并由著名书法家欧阳询书写，刻碑立在泉眼边纪念此事。魏徵在文中除了按照惯例称赞唐太宗的统治，还提醒人们要有"居高思坠，持满戒盈"的意识。大概因为距离长安太远，取水也耗费太多人力，唐太宗只去了九成宫5次，他的儿子唐高宗李治去过8次，之后唐朝皇帝就很少去九成宫了。到开成元年（836年），一场暴雨冲毁了九成宫正殿，这座离宫就完全废弃了。

唐高宗李治、武则天以及之后的唐玄宗李隆基也对修建宫室园林、游赏花木格外上心，如武则天曾把家乡并州寺庙中的牡丹花带到洛阳宫廷中栽种，带动了唐代的赏花新潮流。

第四节　艮岳：宋徽宗的赏石

宋徽宗赵佶对赏石的迷恋在中国历史上非常有名，他曾描绘过宫廷中摆放的一座"祥龙石"，这块石头的造型从某个角度看似乎像龙从山涧中探头出来，"彼美蜿蜒势若龙，挺然为瑞独称雄"。他把这当作天下清明才会出现的"祥瑞"，得到这块石头后特意描绘并题诗记述。

另外一幅宫廷画家创作的《听琴图》上也有宋徽宗的签名，据考证这可能是北宋政和七年（1117 年）的作品，当年宋徽宗开始大肆崇信道教，频繁接见林灵素等道士，还让臣子遵奉自己为"教主道君皇帝"，于是就有了这幅借弹琴喻示传道的画作。画中在松树下弹琴的人就是身穿道袍的宋徽宗，两位高官正在危坐静听。他们前面的空地上摆着一块奇石，上置铜鼎种植花卉，显然，这是宫廷园林的一个角落。

祥龙石
绢本设色，北宋
赵佶

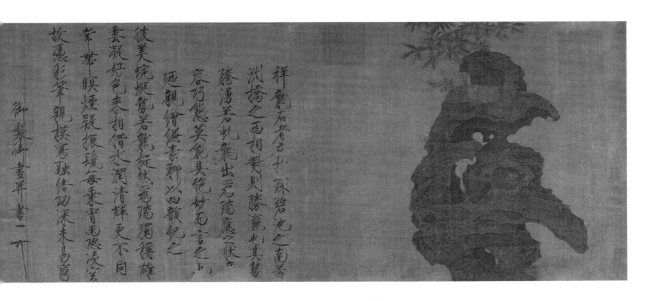

宋徽宗不仅收集众多赏石摆放欣赏，还在他的御花园中用众多石头堆叠出著名的大型假山"艮岳"。

北宋首都开封城内地势平坦，并没有大山，但是有道士声称增高京城东北隅的地势有利皇帝多子多寿，于是宋徽宗在政和七年（1117年）下令在宫苑内堆土砌石修建一座人工假山。宋徽宗命人搜罗天下形色各异的石头送到汴京，尤其是大量开采南方洞庭湖、太湖地区造型独特的"花石"，每十船为一纲运到开封，民间称之为"花石纲"。

成千上万块石头堆叠出一座"周十余里"的大型人造山体和花园，宣和四年（1122年）完工以后宋徽宗先是命名为"万岁山"，后因为它位于宫城东南角就改名"艮岳" [1]。

"艮岳"让皇帝拥有了如在山岭的风光。这座御花园周长约6里，面积约750亩，大门"华阳门"位于苑西，入门后两侧罗列各地进献的赏石，如"神运""昭功""敷文""万寿"等寓意吉祥之石。园中以南北两山为主体，两山都向东西伸展，并折而相向环拱，构成众山环列、中间平芜的形势，里面栽种着各地的珍奇花木。北山名为"万岁山"，峰巅立"介亭"以界分东西二岭，在亭中南望是山下诸景，北望则是景龙江的水岸波光。山岭上下种植梅花、银杏等各种草木，点缀亭台楼阁。在园中可以移步换景欣赏山岭、洞窟、溪流、瀑布、花木、鸟兽等，让人有身在幽谷深岩之感。

可惜宋徽宗懂得享受却不会抗敌，"艮岳"完工不久北方的金国兵马就两度前来围攻开封，束手无策的宋徽宗决定把难题推给儿子，急忙禅位给宋钦宗。在冬季金兵围困开封多日，民众极度缺粮的情况下，宋钦宗只好把御花园中的数百头大鹿杀了给士兵吃，把十余万山禽水鸟都赶到外面，居民们也纷纷前来御花园中"拆屋为薪""伐竹为篱"，把许多石头砸碎充当守城的炮石、礌石。尽管如此，开封还是在靖康二年（1127年）陷落了，这座花园也变成了一片废墟。

宋徽宗、宋钦宗父子被劫掠到北方的五国城（今黑龙江依兰县城西北部），元代文人郝经曾经感叹宋徽宗因为沉迷赏石而亡国的这段历史：

听琴图
绢本设色，北宋
佚名画院画家

1　[清] 周城 撰：《宋东京考》卷之十七艮岳，北京：中华书局，1988年，第293－306页。

万岁山来穷九州,汴堤犹有万人愁。
中原自古多亡国,亡宋谁知是石头?

秉烛夜游图
绢本设色,南宋
马麟

在宋代的绘画中,园林是极为重要的题材,这个时期文人游赏文化发达,上自皇家权贵,下至平民百姓都有游览的习俗,画家们也经常描绘园林、寺庙、山林。比如南宋著名的宫廷画家马远、马麟父子经常创作以文人欣赏花木、雪景为主题的作品。马麟(约 1195 — 1264 年)有一幅《秉烛夜游图》,描绘春夏之际一位权贵在园林中赏花的场景,主人着素色长袍坐在太师椅上,门口是高架的烛台,显然这是为了夜晚观赏庭院中的一树树繁花而准备的。

这幅画或许是根据北宋苏轼的《海棠》诗所绘,东坡贬官黄州之时,曾经在夜晚欣赏一株海棠花:

右:女乐图
绢本设色,明代
仇珠

宋人畫下簾彈筝
圖

簾籜本作宣和二十五
絹形似琴首尾起上
其首剃鳥歌前初學
沈謂空依取其空中
者是也山帕拼圖堆
罍曰與上述名同乃吾
唐人詩意耳生題爲
女樂二字似少珠外安
書筆取诗甚高爽色
古雅富爲宫南渡後
筆墨其下角畫其門
仇氏歟乃無知車作
者之所爲不足爲名
書之異也乙巳九月
東游榴中視説并題
心慈珠寶題

东风袅袅泛崇光，香雾空蒙月转廊。

只恐夜深花睡去，故烧高烛照红妆。

这首传播广泛的诗歌在南宋转化成为一种权贵、文人在夜间赏花的雅事，也成为绘画的题材。马麟的《秉烛夜游图》将写生与诗意的主题相结合，庭园中高突的"人"字形亭殿建筑和两旁平行伸展成的回廊形成了工整的围合空间，突出了庭园里若隐若现的海棠，背后的隐隐山形类似江南的山丘，可以想象这幅设色典雅、意境悠远的绘画是以江南环境为依托创作的，是对苏东坡原诗的视觉化呈现。

第五节　圆明园：乾隆的集大成

北京的北海公园中有一座湖中小岛"琼华岛"，它是一座见证金、元、明、清四代皇室园林营建历史的景观。

12世纪后期，金世宗完颜雍把上一任皇帝设在"中都"（北京）的行宫扩建为"大宁离宫"，用扩挖园中的湖泊"金海"时取出的土填充成一座岛屿"琼华岛"，在岛上修建了"广寒殿"，这无疑和文人雅士对于神仙境界的向往有关。"琼华"是《诗经》中提及的一种玉石，也是汉代人想象的一种神树，常常和"瑶台"并称，之所以拿来命名这座小岛，类似古人以"蓬莱"命名岛屿一样，侧重那种遥遥观望、猜想的风情。金世宗想起开封宋徽宗御花园"艮岳"中残存的太湖石、灵璧石，让官员把它们拆下来不远千里转运到北京，大部分用在琼华岛砌造假山岩洞。

金代皇室来自东北渔猎部落，多喜户外游乐、狩猎，也不习惯北京夏季的炎热气候，因此他们建都北京后陆续修建了西苑、同乐园、太液池、南苑、广乐园、芳园、北苑等皇家园林，在更远的郊区创建了玉泉山芙蓉殿、香山行宫、玉渊潭钓鱼台等避暑行宫，后来这些宫苑大多被元、明、清帝王沿袭。

元灭金之后，元世祖忽必烈把大宁宫扩建为以太液池（即明清的北海）为中心的西御苑，至元元年到至元八年（1264－1271年）三次扩建琼华岛，"广可五六里，加飞桥于海中，起瀛洲之殿，绕以石城"。岛上

重建广寒殿作为朝会之处，殿中放置玉假山、"渎山大玉海"（酒瓮）、"五山珍玉榻"等大型玉器，殿顶悬挂玉制响铁，殿内另有两个小石笋，笋尖上各有龙头喷吐着从山后用水车提上来的湖水，这可能是西亚工匠带来的喷泉技术。

元代许多皇帝喜欢到琼华岛游乐和避暑，著名的书画家、鉴赏家柯九思曾在宫廷任职帮元文宗鉴定书画，他曾描写过春天的琼岛风光：

春来琼岛花如锦，红雾霏霏张九天。
底事君王稀幸御，儒臣日日待经筵。

明代定都北京后，将太液池向南扩，成为北海、中海、南海三海连贯的水域，宣德年间明宣宗朱瞻基在三海沿岸和琼岛进行大规模的扩建，在广寒殿四角修建了玉虹、方壶、金露、瀛洲 4 个亭子，半山修建了仁智、介福、延和 3 座殿宇，除了连接仪天殿的"飞桥"，还新修了连接琼林苑的"玉桥"。琼华岛的小山上"常有云气浮空，氤氲五彩，郁郁纷纷，变化倏急，莫测其妙，故曰琼岛春云"。可惜到了明万历七年（1579年），元世祖修建的广寒殿坍毁，一大胜景就此消失。

清代顺治八年（1651年），顺治皇帝应西藏喇嘛之请，在广寒殿的废址上修建了高 35.9 米的白塔，成了岛上的最高建筑。为了修建白塔，曾拆下岛上的一些假山石运往瀛台，约在康熙十九年（1680年）时江南堆假山的名手张然受命把瀛台的石头堆叠成假山洞窟，一直保存到今天。康熙皇帝和他的孙子乾隆皇帝都是江南园林的爱好者，多次巡游江南，还将南方的园林高手带到北京给自己修筑园林。

好胜心强的乾隆皇帝既是狂热的园林爱好者，也有写诗题词的癖好，他登临琼华岛、瀛岛欣赏艮岳遗石之后常常赋诗，曾命名一块艮岳遗石为"昆仑石"，留下"摩挲艮岳峰头石，千古兴亡一览中"的诗句。

乾隆六年（1741年）之后 30 年间乾隆皇帝对白塔山及周边持续进行改扩建，他曾在《白塔山总记》《塔山四面记》中详细记述如何在白塔山营建亭台楼阁，布置假山石径，并总结了"水无波澜不致清，山无曲折不致灵，室无高下不致情"的园林布置方略。

在琼华岛游乐之余，乾隆皇帝还凑趣重新命名了所谓的"燕京八景"，这本是金元时期文人总结的北京知名景点，乾隆皇帝一旦认真起来就搞成了大工程，他命人去 8 个景点各竖立一块御碑，正面是"八景"名称，背面是他的七律诗。琼华岛上的"琼岛春阴"碑起初立在悦心殿前，后移到了东侧半山腰倚晴楼之南，碑阴自然也有乾隆的御诗一首：

> 艮岳移来石崚峨，千秋遗迹感怀多。
> 倚岩松翠龙鳞蔚，入牖篁新凤尾娑。
> 乐志讵因逢胜赏，悦心端为得嘉禾。
> 当春最是耕犁急，每较阴晴发浩歌。

乾隆比宋徽宗懂得治国，可他们也有共同点，就是对美好的艺术品都有强烈的占有欲。乾隆对宋徽宗遗留的赏石念念不忘，几次下江南都留心寻访各地园林中的奇石怪峰，还曾从杭州等地把一些前代遗留

避暑山庄全图
绢本设色，清代乾隆时期
冷枚

的赏石运到北京御苑。据说中山公园四宜轩旁的灵璧石"绘月"，社稷坛西门外的灵璧石"青莲朵"都是乾隆当年从杭州运来的，他一一给这些赏石取了名题了字。但是乾隆皇帝显然知道宋徽宗的恶名，并没有大动干戈搜罗赏石，对自己从杭州运石头回来这类行为也刻意淡化。

琼华岛上的山石殿宇可谓北京皇家园林兴衰的见证，在古代它们都是"藏在深闺少人知"，只有皇家权贵和极少数官员有幸欣赏。民国以来，以前的皇家苑囿被开辟为公园，普通人才算有机会见识所谓的"琼岛春阴"到底是怎样的风光。

在清朝历史上，康熙、乾隆两位皇帝一如金代的皇帝一样对游猎、园林有巨大的兴趣，他们在北京西郊香山脚下大兴土木修建一系列避暑行宫，还在承德建成了规模宏大的"避暑山庄"。

康熙二十年（1681年），康熙决定每年秋季带领皇室亲贵、文武大臣、八旗军队前往距北京350多千米外的木兰围场行围狩猎，借机也可加强和蒙古贵族的联络，巩固北部边防。为了解决皇帝沿途的吃、住问题，在北京至木兰围场之间相继修建了21座行宫，其中包括位于承德的热河行宫。康熙四十二年（1703年）以热河行宫为基础，依托真山真水修建了一系列宫殿楼阁，10年后初步建成了避暑山庄。

康熙颇为欣赏避暑山庄的山水景观，曾命宫廷画师沈嵛绘制《避暑山庄三十六景》册页并为每一景题诗，还让武英殿工匠制作了这一组画作的雕版版画。后来康熙又让传教士马国贤制成《避暑山庄三十六景》铜版画60套。康熙皇帝非常欣赏这些精致的版画，曾经赐给满洲、蒙古的王公收藏，其中一些画作还曾传播到海外。

乾隆登基后对避暑山庄进行大规模改建，形成一座规模宏大的皇家园林，围墙周长10千米，占地564公顷，一派湖光山色。山庄东南部是湖区，有大大小小数个湖泊、小岛；湖区以南是宫殿区，分布着正宫、松鹤斋、万壑松风和东宫等4组建筑群落；湖区北面山脚下的平原区域分为万树园和试马埭，可以举办大型户外集会、赛马等活动；西北是大片的山岭，山岭之间点缀着一些寺庙、亭阁。画家冷枚曾以写实的手法描绘了避暑山庄后苑部分的各种建筑及其四周的崇山峻岭，他在传统的工笔界画基础上吸收了欧洲的透视法，并将二者融合在一起，加

万树园赐宴图
绢本设色，清代乾隆时期
郎世宁、王致诚、艾启蒙等

强了这幅画的纵深感。

乾隆皇帝夏天经常在避暑山庄处理政事，如乾隆十九年（1754年）他曾在万树园接见归顺的蒙古杜尔伯特部三位"车凌"。漠西蒙古的准噶尔、和硕特、杜尔伯特和土尔扈特4部在清代经常彼此争斗，杜尔伯特部受到实力强大的准噶尔汗的排挤攻击，部落首领三车凌（车凌、车凌乌巴什、车凌孟克）率部族人马归顺清廷，乾隆皇帝十分重视，接济大量牲畜粮食，然后命人将部众编设旗佐管理。

在接见三车凌的次年，乾隆让传教士画家郎世宁、王致诚、艾启蒙等描绘了"万树园赐宴"这一历史场景：乾隆皇帝坐在步辇上缓缓进入宴会场地，被接见的杜尔伯特部首领和朝中文武官员在旁跪迎。乾隆皇帝分别册封归顺者亲王、郡王、贝勒、贝子的称号及爵位，并赏赐金银工艺品、玉器、瓷器、绢帛等物。这幅画完成后悬挂在承德避暑山庄卷阿胜境殿内，与马术图相对，可见这是展示和宣扬清朝皇帝权威的作品。

康熙十九年（1680 年），康熙皇帝在北京西郊玉泉山南麓设立了一处行宫，命名为"澄心园"，并在香山寺旁建立了小规模的行宫。康熙二十三年（1684 年）南巡时，康熙对江南的园林印象深刻，回京后命江南造园家张然为西苑的瀛台、玉泉山静明园堆叠假山，稍后又让张然与江南画家叶洮共同主持畅春园的规划设计。

在今天北京大学校址上的"畅春园"是康熙在京西修建的第一座大型"御园"，南北长约 1000 米，东西宽约 600 米，占地 900 亩，中路沿中轴线向内依次为大宫门、九经三事殿、二宫门、春晖堂、寿萱春永殿、后罩殿、云涯馆、瑞景轩、延爽楼、鸢飞鱼跃亭，鸢飞鱼跃亭北部有丁香堤、芝兰堤、桃花堤、前湖、后湖。园西出大西门为西花园，内有 4 个湖泊，湖边散落着讨源书屋、观德处、承露轩等建筑，为康熙帝幼年皇子居住之所。

畅春园追求自然田园的风格，尽量使用本地的石头、泥土堆山营造土阜平冈的景观，较少使用南方珍贵湖石，这是张然等江南造园家带来的设计理念。康熙非常喜欢畅春园，该园建成之后他每年都去那里暂住和处理朝政，最长的一次连续住了 202 天，他最后也是在这里的清溪书屋里病逝的。

为了便于彼此走动，康熙皇帝把畅春园附近的园林先后赏赐给自己的几个成年皇子居住，如他把畅春园北 1 里外牡丹亭一带的园林赏给了皇四子胤禛（雍正皇帝），并亲题园名为"圆明园"。胤禛即位后，从雍正元年（1723 年）开始扩建此园，修成一座占地 3000 亩的皇家园林，并在园南增建了正大光明殿和勤政殿以及内阁、六部、军机处诸值房，方便皇帝夏季在此"避喧听政"。他的儿子乾隆皇帝登基后继续对圆明园进行改扩建，在东侧兴建长春园，在东南侧开辟绮春园，至乾隆三十五年（1770 年）形成了三园相连的格局。

欧洲来的传教士也曾参与上述三园景观的设计施工，他们为圆明园西洋楼设计了"谐奇趣""海晏堂""大水法"三大喷泉，采用的是欧洲的喷泉泵技术。

喷泉这种园林景观早在 2000 多年前就曾传入中原，《汉书·典职》记载上林苑的一大景观是引上流的河水进入一个龙形铜铸雕塑中，呈现"铜龙吐水，铜仙人衔杯受水下注"的场景[1]，这应该是当时从西域传入的喷泉制造技术。

这种"奇技淫巧"偶尔在中外文化交流较为紧密的时代一露峥嵘，如唐代华清宫的温泉池中有石头雕刻的一对白石瓮口，每个瓮中有个泉眼喷水射到下面用石头雕刻的莲花上[2]，类似欧洲、西亚地区常见的大理石喷泉。可能是波斯或中亚的商人把这种技术传入了唐朝皇宫，不过这种技术并没有在中国流行开来，也没有人进行深入研究和传承。

乾隆十五年（1750 年），乾隆皇帝下令将玉泉山全部圈占，扩建玉泉山静明园，形成了所谓静明园十六景，同时还命人在玉泉山之东建设清漪园，至乾隆二十九年（1764 年）完工，成就了一座占地 290 公顷的山水园林。至此香山、玉泉山、万寿山 3 座山岭以及附近的多个园林都成了皇家的离宫和园林，附近的一些小型园林也为亲贵所有，形成了连绵二十余里的郊区园林群落。

清漪园以背山面水著称，北部的万寿山约占园区面积的三分之一，是园区的制高点，乾隆命令在山顶、山腰、山脚陆续建造了许多点景建筑，如在山顶修建了大报恩延寿寺（排云殿）、佛香阁，可以眺望南面的昆明湖。昆明湖的周围分布着许多院落，局部模仿江南的西湖、寄畅园和苏州水乡风貌。到了咸丰十年（1860 年），第二次鸦片战争爆发，清漪园和圆明园毁于英法联军之手。后来慈禧太后挪用海军建设费修复清漪园，1888 年竣工后更名为"颐和园"，如今是一处著名的公共园林和文化遗产。

1　[清] 孙星衍 等辑：《汉官六种》，北京：中华书局，1990 年，第 211 页。

2　[宋] 王谠 撰：《唐语林校证》，北京：中华书局，2008 年，第 488 页。

颐和园全图

1888 年

佚名画家

第五章 欧洲中世纪园林

　　摩尔人曾经长期统治西西里岛、伊比利亚半岛南部，他们把波斯风格的园林带到了这里，比如 12 世纪的西西里国王"好人"威廉二世修建狩猎行宫吉沙城堡（Zisa）时，阿拉伯工匠参与了设计和修建，让这里的建筑和园林带有明显的摩尔风格。城堡中央那座装饰着精美马赛克拼图的宫殿中设置有一个小小的喷泉，泉水流向两个十字形的水池，然后通过地下通道缓缓流到户外，沿着几个台阶依次落下，贯穿了整个花园。周围的园林最初应该也是四分花园的格局，可经过 14 世纪、17 世纪的多次改建，室内和室外的水池形状已经带有文艺复兴乃至巴洛克园林的特色。

　　除了伊比利亚半岛南部和西西里岛，中世纪早期欧洲贵族并不热衷休闲观赏性的园林。在这个时期，他们更重视可以狩猎的林地或者有经济产出的葡萄园、果园和药草园，比如 6 世纪都尔城的主教格里高利（Gregory of Tours）曾在书中记载奥弗涅修道院的庭院花园种满各种各样的蔬菜和果树，甚至还有小偷晚上去那里搜罗洋葱、大蒜和水果。

　　10 世纪以后欧洲基督教国家和奥斯曼土耳其的战争让欧洲基督教国家的贵族对西亚、北非的园林有了更多了解，他们也从摩尔人、奥斯曼土耳其人那里引种了菠菜、蔷薇等植物。12 世纪欧洲贵族渐渐开始重视园林的设计和修建，富庶的意大利城邦贵族在这方面最有兴致，13 世纪末的博洛尼亚的作家克雷申齐（Pietro de' Crescenzi）曾在《庭园指南》中提倡贵族、富豪修建四周有围墙的庭园，在庭园的南面设置美丽的宫殿，中后部设置花园、果园、鱼池，庭园的北面则种植密林，这样既可形成绿荫的景观，又可保护庭园免受暴风冲击。这一思想在 14 世纪文艺复兴时代才受到重视。

第一节　阿尔汉布拉宫：摩尔人的叹息

　　格拉纳达是座忧伤的城市，从100年前古典吉他大师泰雷加（Tarrega）的《阿尔汉布拉宫的回忆》悠悠的颤音开始，那低回的曲调一直萦绕在这座城市的上空。阿尔汉布拉宫的精致和格拉纳达城的衰败是奇妙的对比，总能引起诗人、艺术家的无限感触。19世纪中期，诗人何瑟·索瑞亚（Jose Zorrilla）曾经对这座宫殿感叹不已，激动地召唤人们来拜访："跟我来格拉纳达吧，这里是东方王冠上的珍宝。"

　　阿尔汉布拉宫如今是西班牙最著名的中世纪宫殿和花园，也是最热门的旅游景点之一，只要到了附近跟着人流移动就可以找到它的所在。

　　从山脚新广场（Plaza Nueva）右侧的斜坡上山，走一会儿就有树林遮盖住天空，一道溪水在路边淙淙流淌，几分钟后就可以看到这座著名的宫殿。从检票口进去就是广大的离宫花园，沿途都是外围的城墙和塔楼，有些地方已经崩塌成一堆堆的石头废墟，里面还长出绿油油的野草和不知名的野花来。在墙外就是山崖和坡地，想当年最后的摩尔人君主巴布迪尔（Boabdil）就是从这里仓皇离开，他在马上回头最后看一眼自己的首都时不禁泪如泉涌，直到现在那个高地还叫作"摩尔人最后的叹息"。

从贝尔梅哈斯塔楼堡眺望阿尔汉布拉宫
纸上素描和水彩，1767年
匿名画家

阿尔汉布拉宫所在的山景
布面油画，1865 年
塞缪尔·科尔曼

"阿尔汉布拉"（Alhambra）在阿拉伯文里的意思是"红色"，因为它所在的山上都是红色泥土，这里的宫墙也是红色的。如今这里分为城堡（Alcazaba）、卡洛斯五世宫（Palacio de Carlos V）、纳塞瑞斯皇宫（los Palacios Nazaríes）和轩尼洛里菲花园（Generalife）4 个部分。左边的古城堡从外面看似乎只有两个塔楼的样子，但进去以后却能看到这是一个面积很大的方形防御工事，里面的武器广场足以容纳上千兵士，四周则是一圈高高耸起的城垛和望台，沿石阶走上最高的塔楼就能看到格拉纳达的全景：隔一条小溪就是阿尔拜辛山，那里有依山而建的白房子和赭色的瓦片，更远处就是哥特风格的老城区，再远一点还有最近几年新建的玻璃大楼，恰好代表了这座城市 3 个阶段的历史。

古人喜欢在城镇边居高临下的山岭上修建军事设施，两千年前的古罗马人就曾在这座山上修筑过堡垒，889 年摩尔人占领这里以后继续利用这里作为监视城镇的制高点。11 世纪的时候他们在这里新修了更多的军事设施。那时候科尔多瓦哈里发王国已经衰落，伊比利亚半岛南部分裂为几个摩尔人的小国。

1212 年基督教王国联军取得拉斯纳瓦斯－德托洛萨战役的重大胜利，战败的摩尔人将领穆罕默德·伊本·纳赛尔一世退守以格拉纳达为中心的地区，建立了纳斯里德王朝，这是伊比利亚半岛上最后一个摩尔人控制的小王国，他和后继者只能灵活地利用天主教国家之间的矛盾来延缓灭亡的时间。

1238 年后，纳赛尔一世在这座山顶要塞的西侧修建高耸的城堡作为自己的居所，之后几年他又修了 6 个宫殿和一系列庭院，大部分的宫殿建筑都是四边形的，所有的房间都通向一个中央庭院。有一条长 8 千米的渠道将雪山融水引入这里的水塔（Torre del Agua），再通过管道进入宫殿和花园之中，给这里带来湿润和清凉。14 世纪时，优素福一世及其儿子穆罕默德五世统治期间陆续在东部新建了一系列宫殿，构成了纳塞瑞斯皇宫的主体部分，并将它与城堡之外的避暑园林轩尼洛里菲花园连接起来。

曾有诗人把纳塞瑞斯皇宫形容为"镶嵌在祖母绿中的明珠"，暗指其建筑物的颜色和周围的树林都有悠然的绿意。从有点昏暗的廊道进入宫殿，依次有 3 个互相贯通的院子。开始的大理石券廊和房间用雕刻后的白色、绿色、红色的精细磨石装饰，几何花纹和以蓝色、白色为基础的彩釉相互环绕，不断重复，拱门上错综拼花装饰一直延伸到顶棚上钟乳石状的花饰，这种精致的重复、延伸、回环容易让人产生近乎旋转的幻觉。

阿本莎拉赫厅（Abencerrajes）、两姐妹厅堂（Sala de las dos Hermanas）的圆顶上各有数千个蜂巢一样悬垂的石膏装饰，叫作"马卡拉"（Mocárabe），这是北非阿穆拉维王朝（Almorávides）兴起的装饰艺术，12 世纪起在伊斯兰世界极为流行。据说这些纤细的"悬垂蜂巢"是把珍珠、大理石等磨成粉末，与灰泥混合后精心雕琢而成，所以看上去显得光洁细腻。

方形的大使厅是阿尔汉布拉宫最大的房间，两侧长 12 米，圆顶的中心高 23 米，这是苏丹接见使节的地方，从 3 个方向的 9 扇窗户可以俯瞰城市、花园的景观。长方形的桃金娘中庭（Patio de los Arrayanes）是王国进行外交和政治活动的地方，大理石列柱围合而成

苏丹在阿尔汉布拉宫
桃金娘中庭
布面油画
阿道夫·赛尔

的中央有一方绿色水池。水池旁的两行桃金娘树篱是这个庭院名称的来源,静谧的水池照映出周围纤巧的立柱、优雅的拱券,真实的建筑和虚无的倒影同时映入眼帘,让人在恍惚中若有所失,如有所得。

桃金娘中庭往东就是苏丹一家居住的狮子庭院(Patio delos Leones)。椭圆形的狮子庭院有124根白色大理石圆柱支撑的拱形回廊,从柱间向长方形的中庭看去,两条相交的水渠将中庭分成4个小花圃,中心处的水钵状喷泉喷口由12只站立的灰色大理石狮子支撑,狮子的口中也有泉眼,每隔一小时就会依次喷水。喷泉边缘雕刻了一首伊本·扎姆拉克写的诗,赞扬这座喷泉的美丽和狮子的力量。这是取法古代波斯庭院的做法,狮子雕像是对国王权威的彰显。

从狮子庭院可以走到国王夏季避暑的轩尼洛里菲花园。首先进入20世纪修建的下花园,这里中央是一条长方形的泉池,两侧分布着修建整齐的柏树夹道和绿茸茸的植物墙。走过这片迷宫一样的柏树丛,再往上走就到了著名的水渠中庭(Patio de la Acequia),这是最典型的中世纪安达卢西亚花园,一条长方形的水池贯穿庭院,两侧分布着花坛、喷泉、柱廊、观景凉亭等,曾是国王和妃子游乐的地方。它的北边还有一个苏丹娜柏树庭院(Patio de la Sultana)和上花园。

15世纪时,伊比利亚半岛的形势越来越不利于摩尔人。1492年,"天主教双王"阿拉贡国王费迪南德二世和卡斯蒂利亚女王伊莎贝拉一世联合进攻格拉纳达,最后一任纳斯里德苏丹穆罕默德十二世只好

阿尔汉布拉宫庭院
布面油画,1889年
胡里奥·蒙特尼格罗

阿尔汉布拉宫大使馆外侧
布面油画，1909 年
华金·索罗拉

打开城门投降。

阿尔汉布拉宫本身并未受到攻击，此后成了天主教双王的行宫。他们对宫殿内外的部分装饰进行了改变，比如把一些伊斯兰风格的壁画和镀金装饰撤去，安装上了天主教的十字架标志。1526 年，西班牙国王卡洛斯一世（神圣罗马帝国皇帝查理五世）曾委托建筑师拆除原来的冬季宫殿，新建一座文艺复兴风格的宫殿和花园，可是不久之后格拉纳达爆发了摩尔人的反叛，镇压了叛军之后国王停止了改建工程。18 世纪时，腓力五世曾在这里新修建一座宫殿，并把一些房间重新装修成意大利风格。

1755 年的里斯本大地震曾损坏了这里的不少建筑，1812 年拿破仑进军西班牙时，法国军队曾破坏这里的塔楼，这时候西班牙已经衰落，王室没有资金修复和维持这座行宫，它成了一处无人照看的废墟，一些穷人常把这里作为临时栖身之所。

19世纪西欧的英、法等国兴起旅游热，作家、艺术家纷纷前往意大利、西班牙各地旅行和创作，他们发现了这座宫殿的美好，法国著名的浪漫派诗人雨果赞美说："没有一个城市，像格拉纳达那样，带着优雅和微笑，带着闪烁的东方魅力，在明净的苍穹下铺展。" 此后，这座宫殿曾出现在费德里科·加西亚·洛尔卡的戏剧、华盛顿·欧文的小说中。许多画家也曾住在阿尔汉布拉宫边上的小旅馆，在这里的城垛下、树林中瞭望过无垠的星空，描绘了许多带有东方风情的浪漫画作。

阿尔汉布拉宫说不上如何宏伟，历史也不算太久远，它的迷人之处在于参观者走进它的过程充满了仪式感和变化：从山脚走到山腰可以缓缓体会自然的清幽，进入宫苑后一个个廊道、庭院、花园彼此相连，有移步换景的视觉变化。抬头看屋顶的话，那些精致的瓷板画上的纹理从墙壁延伸到屋檐、窗口，它们与那些描绘人、动物、植物整体形象的艺术作品不同，是分解的色彩、曲线，一个个的方格又聚合成魔幻的、旋转的"星群"，那种精致、繁密的美占据了观看者全部的感官，让人们惊叹于它层层铺展的精致，又因为这精致而感到无尽的空虚——这是种无以复加的精致，你无法再用想象或者手工在那里增补任何东西，时间仿佛停止在了完工的那一刻，作为后来者你只能静静站立在那里赞叹、凝视和回忆。

第二节　阿卡萨：王家城堡中的花园

即便没有哥伦布的遗骸，也没有吉卜赛女郎卡门的凄美故事，塞维利亚仍然算得上西班牙南部的大城，阿卡萨王宫（Alcazar）中的园林就是它曾经辉煌的证明。

阿卡萨王宫所在地块原来有座西哥特人修建的天主教大教堂。712年，倭马亚王朝的哈里发派出的将军率领摩尔人军队攻陷伊比利亚半岛南部，他们拆除了这座大教堂，在原址修建了一座军事要塞，陆续建了马厩、仓库等。12世纪前半叶，阿巴德王朝的哈里发曼苏尔（Abu

塞维利亚阿卡萨城堡的花园
布面油画，1921 年
曼纽尔·加西亚·罗德里格斯

Yusuf Yaqub al-Mansur）扩建皇宫（Al-Muwarak）时将这座要塞划入宫苑，拆除了原来的军事建筑，重建了 12 座新宫殿。如今的蒙特里亚庭院（Patio de la Montería）所在的地方就是当时最主要的庭院，这片建筑似乎模仿了萨拉戈萨的阿尔哈菲利亚宫（Aljafería）的庭院格局，主体为长方形的宫殿，许多房间分布在露天院落的周围，最外围是宫墙和若干用于防卫的塔堡。

　　1248 年卡斯蒂利亚国王斐迪南三世收复塞维利亚时，这里的一部分建筑遭到破坏，剩余的完好建筑成了国王的行宫。1254 年，阿方索十世命人改建这座王宫，增加了 3 个哥特式大厅，即挂毯厅（Salón de Tapices）、礼拜堂（Capilla）和哥特式拱廊（Sala gótica de las Bóvedas）。

　　一些天主教国王对摩尔人那精致美丽的庭院和装饰风格感到羡慕，1358 年佩德罗一世（Pedro I）以摩尔人修建的石膏庭院（Patio

del Yeso）为自己的住所，1364年又下令大规模修复、新建一系列宫殿。据说很多工匠都是摩尔人，所以这些建筑大都结合了摩尔人带来的阿拉伯建筑的元素，是伊比利亚半岛"穆德哈尔"建筑的典范。

此后一直到20世纪初，这里都断断续续进行各种改造、新建工程，形成了多种风格并存的风貌，包括佩德罗一世等修建的卡斯蒂利亚式建筑、穆德哈尔式建筑、后期修建的哥特式宫殿和庭院，一些花园中还布置了文艺复兴时期的雕像。1755年里斯本大地震让这里的许多宫殿遭到破坏，之后王室对这里的宫殿进行了彻底翻修和重新装饰，因此许多宫殿的内外装饰都是当时流行的巴洛克风格。

如今，从宫殿的正门"太阳门"（狮子门）进入后首先是长方形的狮子庭院（Patio del León），然后就是梯形的蒙特里亚庭院（Patio de la Montería），可以看到南侧是佩德罗一世下令修建的穆德哈尔宫（Palacio mudéjar），外立面上的蔓藤式花纹是中东的传统纹饰，屋檐下有许多蜂巢一样悬垂的精致石膏装饰 "马卡拉"（Mocárabe）。庭院西侧有伊莎贝拉一世创设的贸易楼（Casa de Contratación），曾是王室保存贸易档案、处理相关事务的核心场所，至今还陈列着来自东方、美洲的商品以及相关的画作、陶瓷、折扇等工艺品，从这些文物可以想象西班牙在地理大发现时代的重要作用和曾经的强盛。

从穆德哈尔宫向左可以进入著名的"少女庭院"（Patio de las Doncellas）。在基督教王国和摩尔人王国对峙的早期，传说强大的摩尔国王曾要求北部的基督教小王国每年进贡 100 名少女，她们将被带到这里供国王役使。这座庭院中间是一个长方形水池，两侧是下沉的花圃，周围是带有穆德哈尔式长廊的各种豪华接待室，这是佩德罗一世特地从格拉纳达请来能工巧匠修建的。而二层的建筑则是16 世纪时查理五世让建筑师路易斯·德·维加（Luis de Vega）加建的意大利文艺复兴时期的宫殿，装饰有文艺复兴和穆德哈尔风格的石膏饰件。这一庭院曾经被电影导演雷德利·斯科特租下拍摄电影《天国王朝》，剧组在庭院中的水池上临时架设大理石地板，充当电影中耶路撒冷国王的宫廷。

庭院西侧带八角形屋顶的建筑是大使厅（Salon de Embajadores），这是国王接见各国使节的地方，是整个阿卡萨宫装饰最为富丽堂皇的地方，有着金碧辉煌的拱顶和繁复精致的墙饰。1526 年查理五世和葡萄牙女王伊莎贝拉曾把这里当作婚房，至今这里还是名义上的王室行宫。

这座城堡的上层和下层分布着 10 多个户外花园，其中最著名的是墨丘利池塘（Estanque de Mercurio）。它位于花园的最高处，最早是个储水池。1575 年，文艺复兴雕塑家佩斯奎拉（Diego de Pesquera）设计的墨丘利喷泉雕塑安置在水池中央，使得这里成了一处优雅的景观。从西侧台阶下去就是跳舞花园（Jardín de la Danza），原来这里的两根大理石柱上曾有两位善于跳舞享乐的神话人物萨堤尔（Sátiro）和宁芙（Ninfa）的雕像，可惜雕像已经不翼而飞，只留下这个名字让人念想。跳舞花园下方有阿方索十世时修建的一个大蓄水池，用来储存雨水供宫廷和花园使用，后来人们用佩德罗一世宠爱的情妇的名字命名它，称之为"潘德拉的浴室"（Los Baños

塞维利亚阿卡萨王宫的花园
布面油画，1906 年
曼纽尔·加西亚·罗德里格斯

de Doña María de Padilla)。

16 世纪菲利普三世统治时期，他让意大利设计师瑞斯塔(Vermondo Resta)引入意大利文艺复兴的花园风格，1610 年至 1614 年瑞斯塔将矩形的贵妇花园进行了扩建改造，分成 8 块小花坛，在每个交叉路口设置一个小喷泉，并将旧的摩尔人城墙改造成一个石窟凉廊，可以俯瞰宫殿花园的美景。维加－因克兰侯爵花园(Jardíndel Marquésde la Vega-Inclán)则以对称分布的众多小巧喷泉为特色。英国花园(Jardín Inglés)东侧还有一个小型的迷宫花园(Jardín del Laberinto)，高大的绿植之间是纵横交错的小径，这是孩子们喜欢的游戏场所。

20 世纪时，王室修建了诗人花园(Jardín de los Poetas)和丽池花园(Jardín de Retiro)，主要以种植树木为特色。此外这里还有十字花园(Jardín de la Cruz)、特洛伊花园(Jardínde Troya)、画廊花园(Jardínde la Galera)、鲜花花园(Jardínde las Flores)、王子花园(JardíndelPríncipe)、贵妇花园(Jardínde las Damas)

等大大小小多个花园。这座建筑的最上面一层至今还是西班牙王室在塞维利亚的行宫，号称欧洲还在使用的最古老的王宫。

这一系列花园中不仅种植观赏花卉，也栽有橙子、柠檬等水果，摩尔人的庭院、花园中最爱种植这类柑橘类果树，这一点至今还是许多安达鲁西亚花园的特点。

阿卡萨王宫因为其东方风格的建筑和装饰而成为类似取向的影视剧的取景地点，如 1962 年的电影《阿拉伯的劳伦斯》、2005 年的电影《天国王朝》以及网剧《权力的游戏》第五季中都曾出现过阿卡萨的庭院或花园。

塞维利亚另一处名胜大教堂也有类似阿卡萨王宫的经历，天主教国王的军队攻克塞维利亚以后，在 1401 年拆除了摩尔人的大清真寺，在原地修建了天主教大教堂，前后花了 100 年时间修建了大大小小的礼拜堂和起伏的哥特式尖顶。只有教堂北侧的橘园里黄澄澄的橘子和阿拉伯十字喷泉还在提醒人们，这里曾经也有摩尔人生活过。摩尔人的花园里总有个十字交叉的水渠或者步行道，这是来自波斯－伊斯兰庭院建筑的悠久传统。

第三节　寺院庭院：修道院的药草园

中世纪时，基督教的修道院通常是巴西利卡（Basilica）式的长方形会堂建筑，环形的会堂建筑中间围合出中庭，由十字形的路径分为 4 块，每块地里可以种植药草、蔬菜，点缀果树，中庭的中心也可能布置喷泉。而教堂的礼拜堂和后面的其他房舍之间也常常有庭院，这些庭院也常开辟成菜园、药草园。寺院门口还有小块的前庭或者广场，一般设有水井或者喷泉供人们净身。

中世纪的修道院喜欢在中庭混合栽种药草、香料、蔬菜、果树。对教徒来说，药草尤为重要，当时僧侣和医师大量使用各种草药给民众治病，因此他们常在庭院种植百合、蔷薇、鼠尾草这样的药草。有的菜园会分成更小的矩形小块，分别栽种不同的植物，比如将蔬菜、香料分别栽种在不同的小块中。

一张珍贵的 9 世纪的圣·盖尔修道院设计图纸显示,那时候的修道院包括礼拜堂、住宅、马厩、厨房、车间、酿酒房、医务室、放血室等空间,而酿酒需要葡萄,治病需要草药,都需要教堂的人种植葡萄、药草,在这张设计图中至少有 3 个用来种植草药、葡萄的中庭。

9 世纪前期,法兰克修道士史特拉伯(Walafrid Strabo)在叙事诗《小花园》中记述了自己如何照看赖兴瑙岛(Reichenau)上种着甜瓜、百合、葡萄、玫瑰等的小花园。赖兴瑙岛位于今天德国博登湖中,724 年有人在岛上修建了一座本笃会修道院(Benediktinerkloster),之后的几个世纪圣马利亚和马可大教堂(St. Maria und Markus)、圣彼得和圣保罗教堂(St. Peter und Paul)、圣乔治教堂(St. Georg)等陆续在岛上落成,这里有了"修道院之岛"的外号。这些修道院、教堂内部都曾拥有自己的药草园、菜园,在教堂之外通常也拥有葡萄园、农田等,至今这座岛上的居民仍然以栽培葡萄、蔬菜著称。

第四节　城堡庭院:生活方式的革命

中世纪前期,各地君主、领主居住的城堡通常修建在便于防守的山丘顶上,带有壕沟、土墙防卫,内部是高耸的碉堡式建筑,几乎都是铺装地面。他们往往在郊区、农村拥有庄园,种植果树、药草或者放养野兽用于游猎。如 8 世纪晚期查理曼王朝的皇家庄园(Capitulare de Ville)中设置了草药园、菜园、果园。

11 世纪后欧洲出现了在城区中心修建的城堡建筑,在西亚园林影响下,欧洲贵族开始注重休闲性花园的设计和管理。12 世纪初法国作家基洛姆·德·洛利思(Guillaume de Lorris)的《玫瑰传奇》描述了主人公在花园中的生活场景,其中的文字和插图都表明这些庭院四周围绕着高墙,木栅栏将庭园分成几部分,其中一个院落中央有喷泉,四周种植着经过修剪的果树和花木。中世纪后期,随着封建领主权力和财富的增加,许多贵族开始修建更为宽大的宅邸,他们通常会在庭院中设置果园、游乐性花园等,这时的园林布局多数是规则的矩形,设有模仿波斯园林的露台或大理石坐榻供主人休憩观赏。

15 世纪城堡中的葡萄园和酿酒房

1857 年复制

吉尔

贵族夫妇在观赏城堡花园（局部）

彩绘插图，1480 年

彼埃尔·德·克雷森

第六章　意大利文艺复兴园林

14 世纪，因为贸易的繁荣、财富的积累，意大利主要城邦兴起了文艺复兴运动，富贵人家也开始追求享受美宅、美园、美食、绘画、雕塑等愉悦身心的物事，如但丁、彼特拉克、薄伽丘等文人雅士格外推崇宣扬乡村别墅的生活方式，觉得这要比居住在拥挤吵闹的城市中优雅高尚。15 世纪，教会高层、城邦权贵、富有商人在城内外大肆修建各种宅邸和庄园，造就了此后几百年意大利园林的兴盛。

文艺复兴初期，意大利园林的代表有卡雷吉奥庄园（Villa Careggio）、卡法吉奥罗庄园（Villa Cafaggiolo）、菲耶索莱的美第奇庄园（Villa Medici at Fiesole）、萨尔维亚提庄园（Villa Salviati）等。15 世纪的建筑师阿尔伯蒂出版的两部著作总结了当时的园林设计理念：大多都是在城堡中修建正方形的庭园，以直线将其分为几个部分，在这些小块土地上栽种草坪，把黄杨、夹竹桃及月桂等围植在每块草坪的边缘，每隔一定距离就将树篱修剪造成壁龛形式，用于安放雕塑品。这时候也出现了早期的台地园林，多是规则式布局，以中轴线贯穿上下层台地，分层布置开阔的花坛、喷泉、林木等。

16 世纪，罗马取代了佛罗伦萨成为文艺复兴的中心。这时台地园林大为流行，出现了望景楼园（Belvedere Garden）、玛达玛庄园（Villa Madama）、罗马美第奇庄园（Villa Medici at Rome）、法尔奈斯庄园（Villa Palazzina Farnese）、埃斯特庄园（Villa d'Este）、兰特庄园（Villa Lante）、卡斯特罗庄园（Villa Castello）、波波里花园（Boboli Garden）等一系列代表性园林。这时候的庭园多建在郊外的山坡上，构成若干台层，有中轴线贯穿全园，在中轴线两侧对称布置各种景观,如迷园、花坛、水渠、喷泉等,人们尤其注重设计喷泉和水景,形成跌水、喷水、秘密喷泉、惊愕喷泉等丰富的喷泉景观。

因为贵族之间的景观建造,争奇斗艳,16世纪末的意大利园林设计开始向巴洛克风格演变,花园形状从正方形变为矩形,常以造型夸张的造型植物、雕塑、水景、庭园洞窟等制造新奇感。如红衣主教彼埃特罗·阿尔多布兰迪尼修建的阿尔多布兰迪尼庄园(Villa Aldobrandini)在宅邸对面修建了著名的水剧场,水剧场的壁龛内有设计精巧的雕塑喷泉和水风琴,后面的中轴线上也布置了阶梯式瀑布、喷泉和一对族徽装饰的冲天圆柱等,这一水剧场在当时曾经大出风头。

15、16世纪佛罗伦萨、罗马、西西里等地的园林对法国、英国等欧洲国家影响巨大,如法国国王查理八世在1495年曾率军入侵意大利南部的那不勒斯王国,对那里贵族拥有的园林羡慕不已,次年回国时他聘请了22位意大利各地的艺术家、造园家,为自己设计修建了一座附带文艺复兴风格花园的安博伊西城堡,还在花园中引种了南欧风格的柑橘树、冬青等树木。

第一节　埃斯特庄园:李斯特的旅行记忆

埃斯特庄园中那一层层台地上涌动的喷泉、流水,它们的声响、形态非常富有音乐性,这让敏感的钢琴家、作曲家弗朗茨·李斯特十分着迷。1865年至1885年间他多次前来这里参观,对这里的喷泉、柏树印象深刻,先后谱写了《致埃斯特庄园的柏树林——挽歌一》《致埃斯特庄园的柏树林——挽歌二》《埃斯特庄园的喷泉》等钢琴奏鸣曲,构成了他著名的大型系列钢琴曲《旅行岁月》第三辑的主体内容。

此时,已经暮年的李斯特不再像年轻时那样对一眼可见的绿树蓝天、美景良辰感到欢呼雀跃,多了一分沉静和思索。山庄的树木、喷泉就好像是沉默的友人,哗哗的流泉陪伴着音乐家一起在树下的荫翳中漫步,他在幽暗道路的转角停下,似乎回想起过去岁月的某几个片段、某几个情人和朋友,那些记忆的碎片遮掩在林木的叶片后面,倒映在喷泉的水流中,让他忍不住徘徊不前。

邀请李斯特来这里的是爱好文艺的红衣主教古斯塔夫·霍恩洛赫(Gustav von Hohenlohe),1850 年至 1896 年他是这座庄园的主人。红衣主教修复了破旧的别墅和花园,招待慕名而来的作家、艺术家,这里的古典气氛和精致喷泉曾让许多才人雅士感叹不已,创作了很多有关的文艺作品。

16 世纪兴建的埃斯特庄园是台地式意大利文艺复兴花园的代表,它多姿多样的喷泉、妙趣横生的雕塑不仅吸引了音乐家,画家们也在这里流连忘返。17 世纪的维也纳画家约翰·威廉·鲍尔(Johann Wilhelm Baur)曾描画利戈里奥(Pirro Ligorio)喷泉之前通向宅邸的台阶、两侧雕像和茂密的树林,画面中的人物似乎正在张望欣赏这座园林。这一时期意大利的古迹、园林对欧洲各国的贵族有莫大吸引力,欧洲各地艺术家也纷纷前来意大利半岛研修、旅行,约翰·威廉·鲍尔曾创作了许多有关意大利风情的版画、油画等,这些描绘园林的作品在当时显得非常时尚,颇受欢迎。

有意思的是,在 19 世纪前期浪漫主义画家卡尔·布勒兴(Carl Blechen)的笔下,为了让宅邸看起来更加高峻神秘,他似乎有意夸大了台阶陡峭的程度、宅邸的高度以及树木的高度,让画面显得更加幽深。这一时期许多画家喜欢描绘废墟状态的意大利古迹,赋予它们更强烈的浪漫主义色彩。在园林设计领域,文艺复兴风格的园林也已经过时,此时欧洲贵族中流行的是法式巴洛克园林和英式风景园林。

埃斯特庄园的最大特色是庭院和花园有着庞大的喷泉体系,共有 51 个主要的喷泉雕塑和出水口,398 个喷水孔,364 个喷射口,64 道瀑布和 220 个盛水池。整个水系由 875 米长的运河自上而下依靠重力运作,没有使用压力泵。无论是水声潺潺的百泉路(Viale del Cento Fontana),还是世界上第一个大型管风琴喷泉(Fontana dell'Organo),都曾让宾客们惊叹不已。

这座庄园的创始人是费拉拉公爵家族的红衣主教伊波利托(Ippolito Ⅱ d'Este)。埃斯特家族自 1393 年以来一直是富有的城邦费拉拉的领主,是文艺复兴时期的艺术和学术赞助人之一。当时

蒂沃利的埃斯特庄园景观：在利戈里奥瀑布前面
镶板油画，1641 年
约翰·威廉·鲍尔

埃斯特庄园的花园
布面油画，1832 年
卡尔·布勒兴

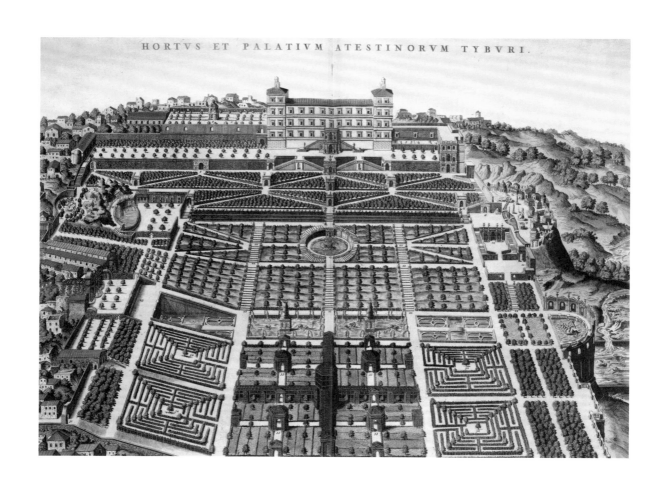

HORTVS ET PALATIVM ATESTINORVM TYBVRI.

埃斯特庄园的壮观花园（局部）
彩色印刷，1663 年

远眺埃斯特庄园

布面油画，1792 年

雅各布·菲利普·哈克特

意大利的领主一般让长子继承爵位，把次子送到教会任职。16 世纪初，作为次子的伊波利托 10 岁时就被任命为米兰的大主教，27 岁时到巴黎出任法国国王弗朗西斯一世的顾问，3 年后被教皇保罗三世任命为红衣主教。伊波利托是当时最富有的红衣主教之一，年收入高达 12 万"斯库多"（银币）。之后的法国国王亨利二世将他派驻到罗马，支持他参与竞选教皇之位，可是他亲法的政治倾向、奢侈豪华的生活做派遭到其他教会人士的抵触，也没有获得哈布斯堡的神圣罗马帝国皇帝的支持，在五次教皇选举中都没有获得多数票。

　　1549 年，教皇任命伊波利托红衣主教担任蒂沃利总督。蒂沃利在罗马帝国时代就是受欢迎的避暑胜地，哈德良皇帝等权贵曾在这里修建庄园，这里的古罗马废墟中不时出土古代器物，伊波利托乘机收藏了许多古罗马大理石建筑部件和雕像。伊波利托嫌弃总督官邸过于狭小，便买下周围的地块，委托著名的古典学者皮罗·利戈里奥（Pirro Ligorio）设计建造一座新宅邸，可工程还没有开工，他就在教会的权力斗争中遭遇挫折，被迫流亡在外多年。直到 1559 年新教皇庇护四世上台，才恢复了他的红衣主教职位和蒂沃利总督的头衔。

　　伊波利托重启修建庄园的工程，1560 年至 1565 年，建筑师加尔瓦尼（Alberto Galvani）指导工人在这里堆垒出一系列台地，修建了拱廊、石窟、壁龛等建筑和景观，把附近的小河改道引入这里为游泳池和众多喷泉、瀑布提供水源。庄园的陡坡上下有 45 米，分为 5 层，贯穿各层的中轴线上是一系列喷泉，两侧的每层台地都按照文艺复兴时期的对称美学原则划分为规则的区块。庄园里的喷泉系统主要是水利工程师托马索·济努齐（Tommaso Ghinucci）设计，他也曾参与设计建造兰特庄园（Villa Lante）著名的喷泉系统。

　　1572 年伊波利托去世时，这里的一些喷泉和花园还没有完工。此后这座庄园在埃斯特家族的不同成员手中传承了 200 多年。1599 年，红衣主教亚历山德罗·埃斯特曾对花园和喷泉进行大规模翻新，并在下层花园建造了新的喷泉系统。17 世纪的两任主人委托贝尼尼设计修建了两个新的喷泉，还在花园里栽种了一些遮阴的树木。

　　1695 年以后，埃斯特家族没有财力维护这座庄园，甚至把园中的

古罗马雕塑移走卖给新兴的富有收藏家,比如18世纪时把丽达喷泉上的4座雕像卖给了罗马的博尔盖塞庄园。后来这座庄园还曾两次遭入侵意大利的法国士兵抢劫,失去了大部分装饰物品。第一次世界大战后,意大利政府从私人手中收购了这座庄园,整修以后开辟为博物馆。

第二节　博尔盖塞庄园:红衣主教的极乐世界

从罗马著名的西班牙台阶走上去,就是宾西亚丘陵(Pincian Hill),这里在古罗马时代属于郊区,曾有权贵在这座丘陵上修建庄园和葡萄园。文艺复兴时期,罗马权贵再次兴起修建避暑庄园的潮流,他们在这座山上修建了博尔盖塞庄园、美第奇庄园等度假别墅,那时候这里仍然是远离尘嚣的僻静之地,可到了19世纪,罗马的人口和城区大为扩张,这里也成了密布居民的热闹地方。

19世纪末的德国风景画家奥斯瓦尔德·阿肯巴赫留下了博尔盖塞别墅花园黄昏时刻的画像,画中男男女女正在这座花园中聚会,他们在彼此交谈、散步,孩子们则在古老的台阶上跳跃玩耍。

阿肯巴赫在杜塞尔多夫艺术学院接受绘画训练,然后就像那时的许多画家一样前往意大利游学,1845年后,他曾三次到意大利旅行和研究古典绘画艺术,从此喜欢上了描绘意大利风光。阿肯巴赫喜欢在室外现场写生,然后回到画室完成正式作品,他不太在乎形象的具体细节,关注的是整体的色彩印象和光影的分布,喜欢把不同厚度的颜料层层叠加以便寻找符合自己印象的恰当色调。

博尔盖塞庄园的创始人也是一位红衣主教。1605年登基的教宗保罗五世出身博尔盖塞家族,他以维护裙带关系著称,把自己的兄弟都任命为高官,还把妹妹的儿子西奥多·博尔盖塞(Scipione Borghese)认作养子并提升为红衣主教。教皇任命这位养子担任了教会许多高级职位,领取大量薪俸,还毫不掩饰地把教会从其他人那里没收的107幅艺术作品送给养子收藏。

富有的西奥多·博尔盖塞买下宾西亚丘陵上一座葡萄园的旧址,希望修建一座带有美丽园林的郊区庄园,他自己画出草图,委托建筑师

博尔盖塞庄园的花园
布面油画，1795年
西蒙·波马蒂

弗拉米里奥（Flaminio Ponzio）于1613年建成了主建筑博尔盖塞宫（Borghese Palace）以及广大的户外花园。花园基本是沿着中轴线对称设置了一系列花圃，每个花圃外围栽种着有造型的景观树木。英国作家、园艺家约翰·伊芙琳（John Evelyn）1644年游览博尔盖塞庄园时描述这里是由喷泉、树林和溪流构成的"极乐世界"，是一座养着鸵鸟、孔雀、天鹅和鹤的植物园。

西奥多·博尔盖塞是洛伦佐·贝尼尼的早期赞助人，曾经请贝尼尼为自己雕塑胸像，还收藏了大量贝尼尼的雕塑作品，如《阿波罗和达芙妮》《攻占普罗塞尔庇那》《时间揭示真理》《大卫》等著名作品。这位红衣主教也是卡拉瓦乔作品的狂热收藏家，拥有《捧果篮的男孩》《圣耶柔米》《年轻的酒神巴克斯》等卡拉瓦乔的代表作。另外，他还收藏了拉斐尔的《耶稣下葬》、提香的《天上的爱与人间的爱》、鲁本斯

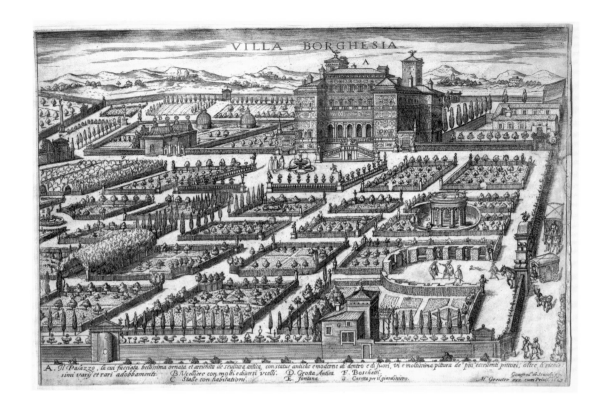

的《废黜》等名作。

18世纪时继承这座庄园的博尔盖塞四世伯爵（Marcantonio IV Borghese）不喜欢宅邸中过时的装饰和挂毯，1775年他邀请建筑师安东尼奥·阿斯普契（Antonio Asprucci）重新装饰这里，为此还定制了一些新雕塑，购买了许多古董。伯爵把这座宅邸开辟成了半开放的博物馆，用于保存和展示自己家族的众多收藏。

19世纪初，这座庄园的拥有者卡米洛·博尔盖塞王子（Prince Camillo Borghese）娶了拿破仑的妹妹为妻，为了改善经济状况和取悦拿破仑，1807年王子把庄园内保存的雕塑、浅浮雕、大理石柱和花瓶共计344件卖给了巴黎的卢浮宫，其中包括《波格赛角斗士》《赫尔玛弗洛狄托斯》等著名雕塑。这位王子还让人把花园的前半部分改造成了不规则的英式风景园林。

此后几代庄园主人也曾把一些雕塑和装饰卖给欧美收藏家，如19世纪末曾把17世纪初制作的一套金属栏杆卖给了英国的贵族。1902

博尔盖塞庄园全景
铜版画，17世纪

右上：博尔盖塞庄园
布面油画，1878年
托雷多·莱瑟斯

右下：博尔盖塞庄园的花园
布面油画，1814年
克里斯托弗·威廉·埃克斯贝尔

年，意大利政府出资买下博尔盖塞庄园及其所属园林、收藏，把宅邸改为面向公众开放的博物馆，花园则开辟成公园。博尔盖塞公园曾是罗马第三大的公共公园，占地达 80 公顷，其中的锡耶纳广场原来是举办马术表演的地方，曾用于举办 1960 年夏季奥运会的马术赛事。

第三节　罗马美第奇庄园：委拉斯凯兹的拜访

著名的西班牙画家委拉斯凯兹曾经两次到意大利旅行和暂住，一次是 1629 年至 1631 年，他曾在罗马郊区的美第奇庄园住了两个月，另一次是 1649 年至 1651 年，他到意大利替西班牙国王搜集古董和画作。在上述某一次旅行中，他留下了描绘美第奇花园的两幅小尺幅风景画，这是他所有的画作中最独特的两幅：那时候，他和西班牙所有画家都以描绘人物肖像或者宗教、历史题材绘画为主，极少创作风景画。此时委拉斯凯兹可能已经看过克洛德·洛兰的风景画或者知道有关的信息，所以也开始尝试风景画的创作。

委拉斯凯兹在其中一幅作品中描绘两位戴帽子的外国绅士正在洞窟的木门外讨论着什么，洞窟上面的桥上有位洗衣妇正在晾晒衣物。在另一幅画中，站在花园道路上的两个人物在干什么有点模糊不清，他们背后的观景露台上有个穿黑衣服的人正在眺望山下的树林和城市。

有的评论家认为在这两幅作品中委拉斯凯兹放弃了细节的准确性，注重摹绘那一刻光影下的动态场景，这种创作方法似乎可以说是印象派画家的前驱。当然，也有另外一种可能，那就是这两幅画仅仅是他临时创作的草稿或者写生稿，后来出于某种原因委拉斯凯兹并没有再进行正式的油画创作，或许画家本人并不看重这两件草稿，对其风格的推测、解释可能仅仅是后世评论家的"自作多情"。

美第奇庄园位于宾西亚丘陵上，在天主圣三教堂旁边，邻近博尔盖塞庄园。16 世纪时，佛罗伦萨的美第奇家族声势煊赫，斐迪南·德·美第奇（Ferdinando I de'Medici）在 14 岁时就出任了红衣主教，需要长驻罗马，所以他在 1576 年买下丘陵上的这块土地，让建筑师巴尔托洛梅奥·阿曼纳蒂（Bartolomeo Ammanati）设计修建宅邸和花园，这

左上：博尔盖塞庄园花园的门房
布面油画，1816年
克里斯托弗·威廉·埃克斯贝尔

左下：博尔盖塞庄园花园的湖
布面油画，1795年
西蒙·波马蒂

是美第奇家族在罗马的第一座庄园。

从俯视山坡的宅邸建筑的大门进入之后，穿越厅堂到后门，就可以看到红色花岗岩花瓶式喷泉，可能是建筑师安尼巴尔·里皮（Annibale Lippi）于 1589 年设计的。这里的花园可以分为两个分区，喷泉的左侧是篱笆分割的矩形分区，栽种各种花草树木，路两侧栽种着松树、柏树和橡树；喷泉的右侧是一处更狭窄的矩形地块，设置了一些矩形的花圃，中间还有圆环状分布的树木组成的林荫。

红衣主教收集了许多古罗马的雕塑、浮雕安置在这座花园中，也订购了很多画作装饰厅堂。1587 年这位红衣主教继承了托斯卡纳大公的爵位，他返回佛罗伦萨时带走了庄园中的大部分绘画和古董，后来这些物品都被美第奇家族捐出，成了现在乌菲兹美术馆收藏的一部分。

从 1587 年开始美第奇庄园一直是托斯卡纳大公派驻罗马的大使居住的公馆，可惜最后一任美第奇家族的托斯卡纳大公 1737 年逝世后没有继承人，托斯卡纳大公的爵位传递到了担任奥地利大公的哈布斯堡－洛林家族成员手中，这座庄园也几度转手，最终在拿破仑时期成了法国政府的财产。

17 世纪的法国国王路易十四创建了法兰西学院罗马分院，出资支持获得"罗马大奖"的法国年轻艺术家到意大利研修绘画、雕塑、建筑艺术。1803 年拿破仑下令把法兰西学院罗马分院从城市中心搬迁到美第奇庄园，并扩大了"罗马大奖"赞助的范围，也支持音乐家前来罗马研修。获得"罗马大奖"的创作者到罗马后可以入住庄园内的房间，可以获得一间工作室用于创作。音乐家柏辽兹、德彪西等人都曾来这里进行艺术研究、创作、交流。著名的画家安格尔、巴尔蒂斯曾担任过法兰西学院罗马分院的院长，留下了许多艺术佳话。一直到今天，这里仍然是法国艺术家研修的驻地。

左上：美第奇庄园的花园
布面油画，约 1630 年
委拉斯凯兹

左下：美第奇庄园的花园
布面油画，约 1630 年
委拉斯凯兹

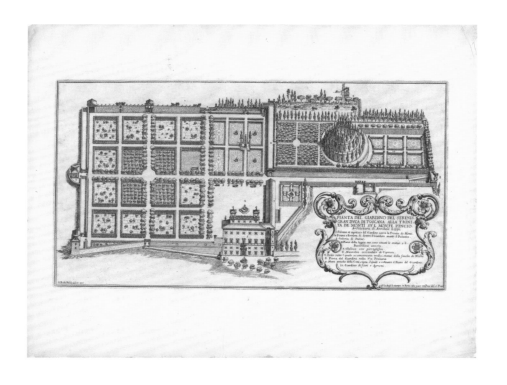

左上：美第奇别墅
纸上水彩、石墨，1784 年
约翰·沃里克·史密斯

左下： 美第奇别墅鸟瞰图
纸上蚀刻，1683 年
乔凡尼·巴蒂斯塔·法尔达

从美第奇喷泉远眺罗马
纸上水彩、水粉，1867 年
所罗门·卡洛迪

法兰西学院罗马分院（美第奇庄园）中的一间艺术家工作室
纸上水彩，1835 年
约瑟夫·欧仁·拉克鲁瓦

第七章 法式巴洛克园林

冬天下午的杜乐丽花园
布面油画，1899 年
毕沙罗

　　法国第一个休闲性的园林或许是 1295 年阿图瓦伯爵（Counts of Artois）在海斯丁城堡（Château de Hesdin）中修建的花园。因为曾参与欧洲基督教国家和奥斯曼土耳其的战争，让西欧的这位贵族了解到西亚的波斯—阿拉伯园林的情况，他在自己的城堡庭院中栽种了异国情调的花木，设置了数个喷泉。

　　15 世纪末 16 世纪初，佛罗伦萨、罗马等地的文艺复兴园林理念传播到法国，贵族中兴起了修建园林的风尚。查理八世和贵族们先后修建了枫丹白露皇家城堡、安博瓦西盖拉德城堡、布洛伊斯城堡和舍农索城堡等文艺复兴风格的园林。到 17 世纪中叶路易十四统治时期，法国形成了自己的巴洛克园林的盛大风格，并且对欧洲园林文化产生了持久的影响。

第一节　杜乐丽宫：美第奇王后的创举

　　印象派画家毕沙罗创作过《春天早晨的杜乐丽花园》和《冬天下午的杜乐丽花园》两幅油画，前一幅作品描绘民众一早就到公园的圆形池塘附近散步的情景，后一幅画了几乎同一位置的景观，不过天空阴沉沉的，树木也有点无精打采，冬季的阴天大概让画家也感到沉闷吧。

　　从 1893 年起，年过六旬的毕沙罗由于腿疾无法再深入大自然写生，于是常在自己家的窗边作画。这期间他居住在巴黎市中心，常在旅馆房间的窗户中眺望歌剧院大街上来去匆匆的人群、塞纳河畔的散步者以及卢浮宫和杜乐丽宫花园的游客。1900 年后，他租住在塞纳河左

现代巴黎：杜乐丽花园和宫殿、
卢浮宫鸟瞰
雕版印刷，1850 年
查尔斯·费彻特

岸离新桥不远的多芬广场 28 号公寓，创作了一系列以塞纳河、卢浮宫、杜乐丽花园为题材的作品。这时候的杜乐丽宫花园已经是巴黎的一座公园，而在之前，它是非请莫入的王室禁地。

杜乐丽宫的创建者是法国国王亨利二世的遗孀凯瑟琳·德·美第奇（Caterina de'Medici）。她来自佛罗伦萨著名的美第奇家族，一向以讲究生活品质著称，她把佛罗伦萨的喷泉制造商、液压工程师引入巴黎，带动了法国贵族对于园林、喷泉的欣赏之风，是法国园林历史上的关键角色之一。

1559 年，丈夫亨利二世意外受伤故去后，凯瑟琳太后决定搬出卢浮宫，1564 年下令在卢浮宫西面约 250 米远的地方营建自己居住的新宫殿和花园。这块地方原来有一座石灰窑（Tuileries），因此这座新宫殿就被称作杜乐丽宫（Palais des Tuileries）。

设计师菲利贝·德·洛梅（Philibert de l'Orme）参考意大利文艺复兴时代的宫殿建筑，将这座宫殿的布局设成南北向的长条形宫殿。宫殿主体建筑为两层，一层是举行礼仪活动的公用空间，二层是太后的卧室、起居室等私人空间，西侧的所有主要房间均面向西边的花

园。花园的布局仿照凯瑟琳的故乡佛罗伦萨的花园,对称布局了一系列花圃,其中还种植了移自意大利的柠檬、柑橘等植物。宫殿于 17 世纪初完工,并以"花廊"(Pavillion de Flore)与卢浮宫相连,此后的法国国王经常在杜乐丽宫和卢浮宫往来居住。

1664 年,生性豪奢的路易十四命令园林设计师安德烈·勒诺特尔(André Le Notre)改造和扩大这座花园。勒诺特尔重新设计了花坛和橘园,在中央的道路上布置了 3 座喷泉,路两侧是低矮的黄杨木篱笆围起来的几何形状的花圃。勒诺特尔强化了这里的对称格局和秩序感,让国王站在宫殿的露台上便可以对花园的全景一览无遗。

1667 年,路易十四应作家夏尔·佩罗(Charles Perrault)之请将杜乐丽花园向公众开放:若国王不在这里居住时,除乞丐、士兵和狗以外的公众可以进入园中游览,这是法国第一个向公众有条件开放的皇家园林。

1682 年,法国宫廷移往新落成的凡尔赛宫,停止使用杜乐丽宫。此后 100 多年间的几位国王仅仅使用过几次杜乐丽宫的王家剧场,这里的花园则成了巴黎市民喜爱的休闲去处。1789 年法国大革命爆发

后，民众曾挟持国王路易十六一家从凡尔赛宫回到巴黎，把他们软禁在杜乐丽宫中。共和政府正式把杜乐丽宫的花园开辟为面向全体公众的公园，巴黎市政当局经常在这里举办各种庆祝活动。

1799 年雾月政变后，拿破仑担任第一执政，他以杜乐丽宫为自己的官邸，1804 年他称帝后又改称这里为皇宫。他下令对杜乐丽宫—卢浮宫建筑群进行了扩建和重新装修，建造了面向里沃利林荫路的北翼建筑，并在围合起来的巨大广场中修建了古罗马风格的骑兵凯旋门（Arc de Triumph du Carrousel）作为杜乐丽宫的正门。1812 年拿破仑退位后，杜乐丽宫成为复辟的波旁王朝的王宫。

1830 年、1848 年巴黎爆发革命时都曾出现市民围攻杜乐丽宫的情况，国王只能仓皇逃窜。革命后建立起的第二共和国总统、拿破仑的侄子拿破仑·波拿巴以爱丽舍宫为总统府，两年多后他"自我政变"，改共和为帝制，自称法兰西帝国皇帝"拿破仑三世"，他再度以杜乐丽宫为皇宫，而宫殿前的广场和花园仍然对公众开放。

19 世纪后期的印象派画家喜欢描绘巴黎人的休闲生活，自然注意到了这个公园里形形色色的事物。马奈是那个时代最喜欢描绘都市生活场景的画家之一。1862 年，他创作了一幅《杜乐丽花园的音乐会》，描绘公园中每周举办的音乐会即将开场前的热闹场景：傍晚，树林下的空地上挤满了时髦的男女，一些人围坐着热烈交谈，一些人在左顾右盼等待朋友前来，中间有两个穿白色裙子的小孩正快乐地玩沙子。

马奈把自己的画家、作家和音乐家朋友描绘在了这幅画中，还把自己画在了最左侧那几个站立的男子中间。这一阶段他的画风受弗朗斯·哈尔斯、委拉斯凯兹的启发，喜欢使用黑色强调人物或者背景的轮廓，这幅画中的树干、男子的衣服大多都是黑色，衬托得左侧两位女士的黄色袍服、蓝色帽子格外亮丽。黄衣服、蓝帽子或许是当时巴黎的时髦装束吧。

1871 年 3 月 18 日，巴黎再次爆发市民起义，新成立的巴黎公社之后和法国政府军对峙了两个多月。5 月 23 日法国政府军攻入巴黎前夕，公社当局下令焚毁巴黎的主要建筑，当晚 12 名公社社员携带焦油、沥青和松节油至杜乐丽宫内纵火。大火燃烧了两天才被政府军

查尔斯和罗伯特的热气球旅行
蚀刻版画手工着色，1783 年
雕版师：贝诺特·路易普·瓦
韦斯特

和巴黎消防队扑灭，但宫殿内外的建筑装饰全部遭到焚毁，与宫殿相连的卢浮宫花廊和马尔赞廊也被烧毁，整个宫殿只剩下砖石结构。

1882 年法国国民大会决定拆除杜乐丽宫废墟，次年 9 月拆除完毕，原来封闭在广场中的卢浮宫庭院第一次暴露在公众面前，此后这个庭院就成了巴黎东西历史轴线的起点。这条轴线起自苏利庭院，经杜乐丽公园、协和广场、香榭丽舍大道至凯旋门，杜乐丽公园成了卢浮宫和香榭丽舍大街之间连接的核心，成为巴黎最为热闹的公园之一。2005 年，改造之后的杜乐丽公园变成了卢浮宫外的开放性庭院，游人可以坐在露天咖啡座中欣赏这里的景观和人流。

第二节　卢森堡公园：女性的荣耀

19 世纪末，两位美国印象派画家约翰·萨金特（John Singer Sargent）和查尔斯·柯伦（Charles Courtney Curran）都曾前往巴黎旅行，也都画过卢森堡公园的休闲场景。前者的画描绘黄昏时人们

黄昏中的卢森堡花园
布面油画，1879年
约翰·萨金特

在水池边散步的场景，画中人隐约都有点意兴阑珊打算回家的样子；后者的作品呈现了下午人们在公园中游乐的情景，前景中一个穿着黑色裙装的女子正在喂食鸽子，背景则是父母、保姆带着小孩在玩乐。

对当时的美国艺术家来说，巴黎是现代艺术之都，也是到欧洲游学的第一站，他们经常到巴黎旅行和创作。这两位印象派画家都喜欢描绘这类休闲的场景，相比之下，查尔斯·柯伦的作品显得色彩更明亮，气氛更加温暖，他喜欢以气质优雅的女性为画面的主要角色。

卢森堡公园最初也是一座皇家园林，出自另一位美第奇家族出身的法国王太后玛丽·德·美第奇（Maria de Medici）之手。1610年她的丈夫亨利四世遇刺亡故，他们年方9岁的儿子路易十三即位，王太后摄政掌握大权。或许觉得卢浮宫、杜乐丽宫太靠近城市中心，她决定模仿家乡佛罗伦萨的皮蒂宫，在比较僻静的地方修建一座新的度假宫殿，于是买下了卢森堡酒店（今天的小卢森堡宫）附近的地块，让佛罗伦萨建筑师萨罗蒙·德·布洛斯（Salomon de Brosse）负责设计一座新宫殿，次年开始动工修建。

在卢森堡公园
布面油画，1889 年
查尔斯·考特尼·柯伦

　　来自意大利的园丁弗兰西尼（Tommaso Francini）给卢森堡宫设计了 8 公顷的园林，主要分为两个梯田，沿着城堡的轴线布置了一系列绿植和花坛，围绕着中间一个圆形的下陷盆地对齐。他在园林中栽种了 2000 棵榆树，还在宫殿的东边建造了石窟形状的美第奇喷泉作为标志性的景观。

　　1630 年，玛丽·德·美第奇买下了附近更多的土地，决定将花园扩大到 30 公顷。杜乐丽宫和凡尔赛宫的皇家花园主管雅克·巴拉德里（Jacques Boyceau de la Barauderie）负责设计和修建工作，他在美第奇喷泉的东端设计了一系列广场，设置了一个栽种鲜花和树篱的长方形花圃，而在花园中心，他新设计了一个带有喷泉的八角形盆地，站在这里可以眺望现在的巴黎天文台。

　　但是王太后玛丽·德·美第奇没有来得及享受扩建后的新园林，1630 年底她因为阴谋反对首相黎塞留而被流放到外地，之后逃到布鲁塞尔、科隆了却残生，再没能回到巴黎。此后，卢森堡宫一直不受王室重视，1780年时路易十六将花园的东部卖给了房地产开发商。

1789年法国大革命期间，这里无人照管，美第奇喷泉变成了废墟，之后共和政府没收了邻近的卡尔苏西修道院，将花园扩大到40公顷，并开辟成公园开放。1811年拿破仑让凯旋门的设计师让·查利格兰（Jean Chalgrin）重建了美第奇喷泉，并整修了从宫殿到天文台之间的道路和园林。

1830年，登基的法国国王路易·菲利普为了取悦大众尤其是妇女，支持修建了一系列颂扬女性美德的雕塑、建筑，如在卢森堡公园的中央绿地周围竖立了20位法国王后和杰出女性的雕像，其中就包括玛丽·德·美第奇的雕像，她去世之后200年才"回到"这座自己下令修建的园林。

1865年，拿破仑三世命令奥斯曼男爵负责改造巴黎，新的奥古斯特·孔德大道延伸到卢森堡公园内并侵占了公园所属的约7公顷土地，美第奇喷泉也因此挪动了位置。同期，主管改造巴黎公园和长廊的建筑师达维武（Gabriel Davioud）把位于公园南端的幼儿园花园的剩余部分改造成有着蜿蜒小径的英式花园，并在西南角开辟了一座果园，后来这座果园成了展示雕塑和现代艺术的橘园博物馆。

1866年，达维武决定在公园中修建一座标志性的喷泉，他邀请著名雕塑家让-巴普帝斯蒂·卡尔波（Jean-Baptiste Carpeaux）负责设计制作。受1870年普法战争和随后巴黎公社起义的影响，直到1874年，名为"世界四大洲喷泉"的大型雕塑才矗立起来。喷泉的中央高高矗立着4位分别代表欧洲、亚洲、美洲、非洲的裸体女性，她们共同托举着天球，这是卡尔波的创作。卡尔波的学生勒格兰（Eugène Legrain）制作了天球和围绕天球的黄道十二宫围带，另两位雕塑家莱米埃（Emmanuel Frémiet）、维尔米诺（Louis Villeminot）分别设计了基座上的海马、喷泉出口。

19世纪后期，卢森堡公园占地23公顷，设有木偶剧院（马蒂剧院）、音乐亭、温室、蜜蜂屋、玫瑰园、水果园以及众多雕塑作品，以其大片的草坪、绿树成荫的散步道以及众多花圃、雕像、喷泉而闻名。这里

卢森堡公园的肖邦雕像
布面油画，1909 年
亨利·卢梭

有几件著名的雕塑，如雕塑家巴特勒迪（Auguste Bartholdi）创作的自由女神像的早期实验版本就竖立在这里，穿着长袍的女神形象取材自古罗马神话，她右手举火炬，左手持《独立宣言》，象征正在走向光明和自由。

右：长椅（卢森堡公园）
布面胶画颜料，
1917 – 1918 年
爱德华·维亚尔

　　另外还有一座音乐家肖邦的半身雕像在这座公园中遭遇了一番离奇的磨难。波兰人肖邦从 1830 年至 1849 年逝世之前一直在巴黎居住，是当时欧洲最著名的钢琴家之一。为了纪念他，1900 年 10 月 17 日这座公园设置了一座巴黎雕塑家保罗·迪布瓦（Paul Dubois）创作的肖邦半身雕像。画家亨利·卢梭曾在一张画中描绘巴黎市民在这座塑像下的道路上散步的休闲场景。

　　可是第二次世界大战初期，法国向德国投降之后，为了取悦德国人，1942 年巴黎所在的省政府下令移走了这座肖邦塑像。又过了半个

世纪，1999 年肖邦逝世 150 周年之际，波兰政府赠送了一座新的肖邦青铜半身像给卢森堡公园。这座青铜半身像是波兰雕塑家索瑞维奇（Boleslaw Syrewicz）于 1872 年创作的肖邦大理石半身雕像的复制品，原作收藏在华沙的波兰国家博物馆。

19 世纪以来，卢森堡公园一直是巴黎市民喜欢的休闲公园之一，许多文艺作品都曾描绘过它，比如雨果著名的小说《悲惨世界》就曾提及它。

印象派画家爱德华·维亚尔（Édouard Vuillard）喜欢描绘巴黎的公园、街道。1917 年 5 月，巴黎银行家兼收藏家让·拉罗什（Jean Laroche）委托他绘制 3 幅镶板装饰画，维亚尔描绘了自己寓所附近的文帝米耶广场和卢森堡公园的休闲场景，其中《长椅》（卢森堡公园）这幅作品描绘在一棵大树的树荫下，有个女子一边织毛衣一边在和朋友交谈，她的孩子正在空地上玩耍，流露出日常生活的安静和乐气息。

9 月 11 日拉罗什收到这 3 幅作品后付给维亚尔 6000 法郎酬金，可是很快拉罗什便对作品的形式感到不满，请维亚尔在之后的几个月对这组作品进行了一番修改，但是修改后的效果仍然没有达到他的期望，于是他把这组作品转手卖给了另一位收藏家。

第三节 凡尔赛宫："太阳王"的全能视角

1777 年，因为担心凡尔赛宫一些朽坏的树木可能有安全隐患并影响美观，宫廷管理人员招来伐木工砍伐并运走这些树木，住在这里的路易十六和王后玛丽·安托瓦内特听说有人在伐木，便带着子女一起来观看伐木的场面。

画家休伯特·罗伯特（Hubert Robert）描绘了这一有趣的场景：画面左侧有几个砍伐工正在一座雕像的阴影下休息和吃喝，他们的妻小也在边上，几个顽皮的孩子正喊着闹着玩跷跷板，画面右侧是盛装的王后、国王、王子、公主以及随从。画中倒塌的木头、残破的树枝看上去散发出浓厚的废墟感，国王一家和伐木工分处两侧，国王面对平民时似乎并没有至高无上的权威，有个伐木工正抱着胳膊注视国王一家，还有些自顾自地在吃喝。如果对比同一时期中国清朝乾隆皇帝的统治，如

"阿波罗浴场"的景观
布面油画，1777年
休伯特·罗伯特

果伐木工在圆明园的某个地方干活的话，恐怕不会被允许带着妻子、孩子，更不敢以如此的姿态面对巡视的皇帝。

休伯特·罗伯特曾经长期在意大利生活和研学，罗马和庞贝的废墟曾在艺术上给了他很多启发和影响，他也因擅长描绘具有浪漫情调的废墟著称。他是路易十六和王后欣赏的艺术家，先后被委任为御花园设计师、皇家画师和皇家博物馆监督。

在观赏伐木之后，路易十六一家在凡尔赛宫继续生活了12年，可是日子一天天变得令人烦恼起来，王室财政入不敷出，社会冲突逐渐激烈，最终，1789年7月14日巴黎的中下层市民爆发起义，人们把路易十六一家围困在凡尔赛宫，后来又逼迫他们搬到巴黎市中心的杜乐丽宫，国王一家从此遭到软禁。经历了逃跑未遂、国民公会审判等一系列事件后，1793年1月21日国王和王后死于断头台，此后法国社会就在帝制和共

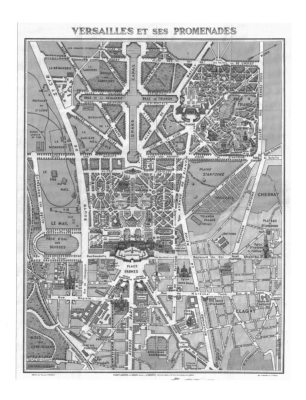

和制之间来来回回折腾了近百年，直到 1870 年才算稳定下来。

规模宏大的凡尔赛宫是法国王权最为煊赫的象征。这里位于巴黎市中心西南约 20 千米处，原来只有一个小村庄和一座小教堂，周围都是茂密的森林。亨利四世和他的儿子路易十三喜欢在这里的森林中打猎，后来路易十三在这里买了大片领地专门用于狩猎，在这里修建了砖石城堡、庭院和花园，基本上达到了今天凡尔赛宫的占地规模。

1651 年，12 岁的路易十四在狩猎之旅中第一次造访这里的城堡，之后偶尔去小住和狩猎。1660 年，与西班牙公主玛利亚·特蕾莎结婚后，路易十四决定花费王室资金扩大凡尔赛的城堡和花园，把它改造成一个既可以休息又可以进行大规模娱乐活动的场所，也就是所谓的"国王之家"。

"太阳王"路易十四与中国清朝的乾隆皇帝一样好大喜功，他任命建筑师路易·勒·沃（Louis Le Vau）设计和监督修建了一系列新宫殿，用于举办国事活动和娱乐活动，以及供王室、客人和仆从居住。画家夏尔·勒·布伦（Charles le Brun）监督一大批画家绘制了主要建筑天花板和墙壁上的华丽装饰画，订购了众多雕像安放在花园中。后来因为路易十四喜欢长住这里处理朝政，王室亲贵、朝臣、政府系统的众多官员也需要住在这里办公，国王就让建筑师儒勒·哈杜因－曼萨特（Jules Hardouin-Mansart）新修建了皇家礼拜堂、大特里亚农（Trianon de Marbre）等一系列新建筑，让这里足以容纳六七千人之多。

路易十四任命景观设计师安德烈·勒诺特尔（André Le Nôtre）主持设计凡尔赛的园林。勒诺特尔开创了风靡欧洲长达一个世纪之久的勒诺特尔样式园林（Style Le Nôtre），他的设计注重将几何分布的园林与大片草地、布景结合，在布局上讲究对称性的轴线结构和几何布局，搭配露台搭建、植被修剪与喷泉设计等形成丰富多元的景观。路易十四对他之前设计的枫丹白露宫花园　（Fontainebleau）十分满意，就让他继续打造凡尔赛的园林。

在凡尔赛，勒诺特尔设计了欧洲最宏伟的园林。从宫殿的露台上可以俯瞰整个园林的景观，视线可以一直抵达远处的地平线，寓意国王可以完全支配这里的花园和远处的自然。

从宫殿的门出来就是户外观景平台，这里左右对称分布着两个大

从东部鸟瞰凡尔赛宫和花园
布面油画，1668 年
皮埃尔·帕特尔

水池,周围装点着各种雕塑。往前走可以看到台阶下面著名的拉托纳喷泉,女神拉托纳雕像下面的 4 层水池里环绕着众多吐水的青蛙、乌龟雕塑。根据奥维德《变形记》记载的神话故事,女神拉托纳在人间漫游时路过吕西亚的一个乡村,想在那里的池塘取水饮用,可农民们故意弄混水面,不让她饮水,女神一怒之下把这些农民都变成了青蛙。

从拉托纳喷泉继续沿着中轴线前行,经过一条长满青草的矩形草地,可以看到一个大水池中安置着镀金的阿波罗战车雕塑。路易十四把太阳神阿波罗作为自己的象征,凡尔赛宫的许多装饰绘画、雕塑出现了太阳神的元素。从这里开始一条长达 1800 米的运河一直延伸到公园南端。

从观景平台到运河的中轴线两侧,各种放射状、竖直的道路分割出30 多个区块,布置了众多喷泉、雕像、盆、几何花坛和成片的树木,包括两个意大利风格的石窟,一个动物园。紧靠凡尔赛宫左翼王后住所的南花园中还有一个橘园,栽种了超过 1000 株柑橘类果树、棕榈树、夹竹桃等南欧常见的树木。此外,凡尔赛花园中还有 14 个按照几何形状种植的"柱廊林",每个柱廊林的外围种着精心修剪的高大树木,林中则分布着不同主题的喷泉、雕像或石窟。

1668 年,路易十四决定在离主宫远一点的地方建造一座更小的宫殿,那里远离朝臣,可以更安静从容一些。他买下了附近一个叫特里亚农的小村庄的土地,建造了 3 座小型的宫殿,建筑顶部装饰了许多时尚的中国青花瓷器。1670 年这座宫殿开放时引起轰动,被称为"瓷器特里亚农"(Trianon de Porcelaine),带动了"中国风"在法国的流行。1687 年,路易十四让人拆除了"瓷器特里亚农",修建了一座风格更古典、体积更大的大特里亚农宫。

1682 年,路易十四宣布凡尔赛宫为他的主要居所和政府所在地,因此这里长年居住着数千朝臣、官员及其仆从。这里的宫殿经常举办各种盛大的娱乐活动,比如从 11 月的万圣节到 3 月的复活节期间每周通常要在沙龙举行三次舞会等娱乐活动,经常从晚上 6 点持续到 10 点,贵族们为此都要盛装打扮,争奇斗艳,极大地带动了巴黎的服装、香水消费。

户外花园中的数百个喷泉运作时会消耗很多水,这在技术上和财政上都是一大难题,比如通向曼特农城堡花园的运河一直没有修好。

为了节省用水,花园中的喷泉平时都是关闭的,只有当国王到花园中散步时,等他快走近某个喷泉的时候才会开启那个喷泉,他离开以后就会关闭喷泉。

路易十四的财政部长让-巴蒂斯特·科尔伯特(Jean-Baptiste Colbert)为了省钱和宣传法国自己的商品,决定这座宫殿使用的材料、装饰品要尽量采购法国生产的商品。当时威尼斯垄断镜面制造技术并向欧洲各地出口镜子,科尔伯特想方设法吸引许多威尼斯的工匠前来法国为凡尔赛宫制作镜子,传说威尼斯为了维护自己的商业秘密,一度下令暗杀前来巴黎的工匠。

尽管历任财政部长都绞尽脑汁想要开源节流,可建造凡尔赛宫还是耗费了王室的大量财富,导致他们债台高筑。2000年的研究数据显示,路易十四、路易十五、路易十六三代国王花了近20亿美元修建和维护这座巨大的宫殿。

路易十五在凡尔赛的花园中新修了一座新古典主义风格的"小特里亚农宫",它的4个立面各不相同,最华丽的正面设置了优美的科林斯式圆柱。他还修建了一座皇家歌剧院,用于举办皇太子(路易十六)和奥地利大公玛丽·安托瓦内特的婚礼。

画家让-巴蒂斯特·马丁(Jean-Baptiste Martin)曾在几幅作品中描绘路易十五时期贵族们在凡尔赛宫的奢华生活,如国王和贵族们在橘园边的湖泊中坐船游乐,或者骑着高头大马前往附近的森林狩猎。这位画家不仅擅长描绘规模宏大的战争场面,也担任皇家织锦厂的监督,负责为凡尔赛宫制造各种挂毯和室内装饰品,因此他非常熟悉凡尔赛宫内外的情形。

1774年,路易十六把小特里亚农宫赠送给王后玛丽·安托瓦内特。王后请皇家建筑师理查德·米克(Richard Mique)和画家休伯特·罗伯特把原来的法式园林改为英式风景园林,在园中修建了怀古风格的石亭和神庙。1783年至1785年,她还把附近一座路易十五时期修建的植物园改造成诺曼底乡村田园风格的小农庄(Hameau de la Reine),修建了12个小建筑物,如闺房、乳制品制作工坊、鸽舍等,王后和她的朋友们常到这里休闲游览。

在凡尔赛猎鹿
布面油画，1700 年
可能是让－巴蒂斯特·马丁

1789 年法国爆发大革命，此后凡尔赛宫就关闭了。1793 年执政当局下令拍卖皇宫中的所有财物，卖掉了宫中陈设的家具、镜子、浴室、厨房设备等共计 17000 件物品。这座空荡荡的宫殿此后曾充当政府的仓库和法国美术学校的博物馆。

后来的拿破仑、路易十八、路易·菲利普、拿破仑三世等帝王都因为翻修、装饰成本太高而没有启用凡尔赛宫，只是偶然来重新装修过的大特里亚农宫等处举办重大仪式。1830 年登基的路易·菲利普曾下令把凡尔赛宫南翼的皇室成员寓所改造成为法国历史博物馆，号称要纪念和展示"法国所有的荣耀"，主要陈列描绘法国历史上一系列重要战役和著名英雄的绘画和雕塑，可是随着他的倒台，这座博物馆工事也不了了之，只剩下一个画廊依旧用来展示描绘法国历史和英雄人物的艺术作品。

1892 年，法国政府开始修复凡尔赛的诸处宫殿，努力收购原来存放在这里的家具，将绝大多数宫殿和花园作为文化遗址和博物馆重新对外开放。这里的一些宫殿偶尔还举办法国政府的重大国事活动，如1919年6月欧洲各国在凡尔赛的镜厅签订了著名的《凡尔赛和约》，正式结束第一次世界大战。近年来的法国总统萨科齐、奥朗德等曾在这里的宫殿中举办活动或者发表演讲。

第四节　阿兰胡埃斯：国王的花园拼盘

19世纪末20世纪初，画家、诗人和剧作家圣地亚哥·鲁西诺尔是加泰罗尼亚文艺复兴运动的重要成员之一，以优美、沉静的风景画在躁动的巴塞罗那艺坛独树一帜。

他在1889年前往巴黎游学时受到象征主义艺术的影响，回到西班牙后定居在小城锡切斯，经常到附近的巴塞罗那活动。1899年他曾经和象征主义画家努恩奎斯（William Degouve de Nuncques）会面，他们同样喜欢描绘无人的寂寞风景，但后者的作品更加低沉、晦暗，而鲁西诺尔的作品中仍然传达出静美和温和的气息。

1897年，鲁西诺尔前往格拉纳达旅行，阿尔汉布拉宫和其他园林的优美给他留下了深刻的印象，他绘制了一系列有关花园的油画，诸如围墙花园、阿尔汉布拉宫等，这种庭院、花园在静寂无人时更凸显出植物、水、光和建筑之美。之后，鲁西诺尔一直钟情于游览和描绘所到之处的园林。

无论是在长住的锡切斯、巴塞罗那，还是旅行经过的巴黎、赫罗纳、奥尔塔、瓦伦西亚、格拉纳达、伊比沙岛、马略卡岛等地，每到一个地方鲁西诺尔都会去拜访那里的一处处园林，描绘所见的风景。

鲁西诺尔是一位有着独特风格的艺术家，既不是古典派也不是印象派，他用自己独特的技法、视角将西班牙园林安静柔和的那一面抒发出来。1903年，他曾把描绘西班牙各地花园的作品配上西班牙诗人的诗歌出版了一本精美的图书《西班牙的花园》，诗画相映，让一页页纸张成为一座座花园。

马德里南部的阿兰胡埃斯行宫（Aranjuez）是这位画家最钟爱的

题材,因为那里有西班牙最让人着迷的花园。

　　阿兰胡埃斯位于马德里南部的塔霍河畔,是西班牙中部少有的绿洲,15 世纪的时候就成为王室的领地。16 世纪下半叶,菲利普二世在这里修建了一座行宫。1727 年,国王腓力五世邀请法国凡尔赛宫的园艺师波特罗一世(Esteban Boutelou I)前来,在行宫东侧设计修建了一座花坛花园(Parterre Garden),园中花草树木之间设置了 3 座美丽的喷泉。当时阿兰胡埃斯这片区域属于王室保留领地,以王室的行宫为中心分布着一系列贵族宅邸、园林,不允许途经的一般民众、游客住宿过夜,直到 1752 年费迪南德六世统治时这里才作为一个城镇开放。

　　18 世纪后期,西班牙国王经常到这里避暑、休闲,卡洛斯三世(King Carlos III)扩建了行宫主建筑的两翼,而当时还未登基的查理四世(Charles IV of Spain)下令修建了占地 150 公顷的"王子花园"(Prince Garden),园中设置了中国风的池塘和凉亭。

　　1830 年至 1850 年间,西班牙女王伊莎贝拉二世常来这里避暑,她在这里修建了一座新的花园,还在宫殿中布置了一座"中国厅"和一座"阿拉伯厅",前者用于展示她收藏的中国风瓷器、绘画,后者模仿阿尔汉布拉宫两姐妹厅的风格,装饰着阿拉伯风味的挂毯,当时主要供男士在里面抽阿拉伯水烟。但是之后西班牙政治陷入动荡,王室几乎放弃了这座行宫。这以后画家和游客们才有了机会进入这座行宫参观。

　　鲁西诺尔 37 岁时第一次参观这座行宫,北面临河而建的一座座皇家花园、庭院都让他迷恋不已,此后他多次前来这里参观和绘画,最后也是死在这座小镇上,那是他为了描绘这里的园林做的最后一次旅行。

　　这里的园林也曾激发西班牙作曲家华金·罗德里戈(Joaquin Rodrigo)的灵感,他在 1939 年创作了吉他和管弦乐结合的《阿兰胡埃斯协奏曲》,乐曲一方面呈现类似在园林中散步的悠闲情调,如花木的开放、鸟儿的鸣唱、喷泉的涌动给人的印象,以及类似宫廷舞会那种富有节奏的律动,另一方面也插入紧张、冲突的音乐元素与前者对话,让人不由得会联系到西班牙当时刚刚经历的内战带给人们的心理创伤。1999 年,罗德里戈故去后被埋在了阿兰胡埃斯的墓地中,与这片优美的园林成了永远的邻居。

阿兰胡埃斯的花坛
布面油画,1911 年
圣地亚哥·鲁西诺尔

阿兰胡埃斯园林的场景
布面油画,18 世纪末
安东尼奥·卡尼塞罗

费迪南德六世和王后芭芭
拉在阿兰胡埃斯花园中
布面油画，1756 年
弗朗西斯科·巴特盖里奥

布克雷在阿兰胡埃斯
进行热气球飞行试验
布面油画，1784 年
安东尼奥·卡尼塞罗

第八章　英式风景园林

英国人对园林的理解起源于罗马帝国,当时统治英伦三岛的罗马贵族修建了一些庄园和宅邸,可在后来的战乱中变成了废墟。中世纪时,英国贵族喜欢修建带有军事功能的堡垒式住宅,并没有想到给休闲观赏的花木、喷泉预留位置。

到了文艺复兴时期,英国贵族才从意大利人那里重新接触古希腊、古罗马的园林思想和设计理念,开始在自己的城堡中开辟园林。他们最初学习意大利文艺复兴园林、法国巴洛克园林的样式,到了17世纪,英国贵族和园林设计师开始探索自己的园林风格,最终形成了注重自然风景和花卉种植的英式风景园林。

英式风景园林的形成受到多种因素的影响,比如中国园林设计思想就是一大因素。明末清初有关中国园林的信息逐渐由传教士、商人传播到欧洲,英国贵族和文人对中国园林讲究"自然""天趣""曲径通幽"等理念和设计产生了很大兴趣,开始推崇非规则的园林布局和"如画"的风格。

另外,还有一个重要的背景是,英国和法国长期在欧洲角力,对英国贵族和文人来说,既然欧洲大陆普遍流行法式园林,要么甘心做一个追随者,要么就另辟蹊径提出自己的造园主张,他们当然更愿意选择后者。

第一节　温莎城堡:城堡的外围改良

夜晚,躲在树枝后面的月亮给王室的温莎城堡(Windsor Castle)披上了淡淡的清光,突然,有人在王宫的庭院里放起了焰火,

从温莎宫北翼看西部的风景
纸上水彩,1765年
保罗·桑德比

不知道在庆祝什么美好的事情,把最高处那座 12 世纪建造的圆塔的外墙都照亮了。这座塔是温莎城堡的制高点,最初是用木材建造的瞭望设施,到 1170 年亨利二世拆掉木塔,用石头修建了一座高塔,一度用来关押政敌,1660 年后被用于保存王室文献和收藏。后来,乔治四世在塔顶上增建了可以瞭望的顶部,登上那里可以俯瞰温莎镇全景。

这是水彩画家保罗·桑德比(Paul Sandby)的作品。在这幅画中,他还描绘了王宫围墙外面的土路上,一个举着火把的红衣男子正和另一个年轻女子扶着喝醉酒的男子前行,远处有一辆马车正跑过来。

画家抓住了烟火照亮夜空的瞬间,王家城堡墙内的快乐只能任外人猜测,而墙外的常人情态隐隐让人感到一丝温暖。能够画出如此细致动人的作品,多亏画家的哥哥是温莎宫外围的温莎大公园的巡查副主管,画家来这里协助哥哥工作时,乘机绘制了许多有关温莎宫、温莎花园以及附近城镇的水彩画。

温莎城堡是从罗马帝国时代一直到中世纪早期欧洲贵族们着力修建的兼具军事和居住功能的建筑,大多修建在城镇、交通要道的制高点上,便于防守、瞭望和攻击。温莎城堡可谓英国最著名的城堡,它占地45000 平方米,是现今世界上有人居住的最大的城堡。现任英国女王伊丽莎白二世常来温莎城堡顶上的宫殿小住,进行国事活动或私人休闲活动,除此以外的宫殿其他部分则是对外开放的旅游景点。

温莎城堡始建于 1070 年,当时"征服者"威廉一世登陆英格兰后定都伦敦,他在伦敦郊区的山岭上建造了 9 座彼此相隔 32 千米左右的军事城堡,组成了可以互相支援的碉堡防线,也便于监控交通要道。距离伦敦约 40 千米的温莎城堡坐落在泰晤士河南岸的小丘上,是 9 座城堡中最大的一座。威廉一世的继承者威廉二世将城堡进一步扩大与翻新,他的弟弟亨利一世把温莎城堡当成行宫常驻,还在这里举行了自己的第二次婚礼。

此后几个世纪,英格兰的国王们陆续修建了围绕城堡的石墙、石造碉堡、晚钟塔、防守国王住所的最后一道防线诺曼门、圣乔治教堂等。到 16 世纪时,温莎城堡还基本保持着中世纪晚期城堡的格局,并没有什么花园,以致 16 世纪中期的国王爱德华六世住在这里时感叹:"我

上:从达彻路上看温莎城堡欢乐的夜晚
纸上水粉、金漆,1768 年
保罗·桑德比

下:眺望温莎城堡
纸上水彩、铅笔,1827 年
威廉·丹尼尔

认为我是一个囚犯，在这里没有长廊也没有花园可以漫步其中。"

　　到 17 世纪，查理二世整修了之前内战时遭到破坏的温莎城堡的建筑，在法国路易十四规模宏大的凡尔赛宫的刺激下，他决定对这里的花园景观进行大改造，让人修建了一条长 3 千米、宽 6 米的路径连接温莎城堡和南方的入口，沿途栽种了栗树、筬悬木作为景观树木。

　　19 世纪初，乔治四世对温莎城堡的建筑进行了改扩建，之后维多利亚女王与丈夫艾尔伯特亲王进一步整修和扩展了这里的花园，国会在 1848 年通过了《温莎城堡与城镇连接法案》（*Windsor Castle and Town Approaches Act*），准许封闭及改变一些古老的道路，将被道路分割的花园围成城堡所属的花园，这时的温莎城堡占地 7 公顷，拥有众多建筑和大片园林。19 世纪末，爱德华七世还在城堡内的绿地上设置了一座高尔夫球场。

　　如今的温莎城堡建筑群分为上、中、下三个区域。中区包括高耸的

温莎宫
布面油画，1710 年
匿名画家

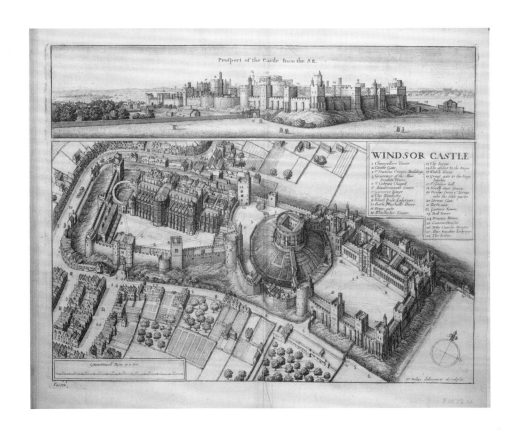

温莎宫全图
约 17 世纪中期
温斯劳斯·霍拉

圆塔和环绕它的玫瑰花园,"上区"是位于东部的王室寓所、法庭等,"下区"指位于西部的圣乔治礼拜堂、艾尔伯特纪念堂等,始建于 1475 年的哥特式教堂"圣乔治教堂"是 18 世纪以后绝大多数英国国王和王后的埋骨之处。

城堡外东、北两面环绕着家庭公园(Home Park),其中包括开放的公共场所与两座农场,另外还有一处占地 13 万平方米的弗罗格莫尔庄园(Frogmore Estate)仍然属于王室私有,这里的墓地埋葬着维多利亚女王、女王丈夫以及女王的母亲,这片花园式墓地一年仅有几天面向公众开放。

城堡的南面是面积 5000 多英亩的温莎大公园,它曾经是王室的狩猎苑,基本保持着近乎自然的景观,如大片的草坪,茂密的森林、河流、湖泊,园中有一条向南的林荫道连接着著名的阿斯科特赛马场,在这里每年都会举办皇家赛马会。

可以说温莎城堡的园林具有多种风格交织的历史痕迹,中世纪后期奠定的城堡建筑群内部并没有给花园留下多少空间,只能利用庭院简单布置一些花木。17世纪至19世纪的国王们在城堡建筑群之外开辟了规模宏大的园林。这些园林基本保持相对自然的郊野风景和地形,很少修建人工景观。

第二节　汉普顿宫:中和的古典风格

汉普顿宫(Hampton Court Palace)是英国都铎式王宫的典范,它以前是皇室行宫,1838年维多利亚女王下令面向公众开放,是著名的文化遗产和园林。

1514年,红衣主教托马斯·渥西(Cardinal Wolsey)购得伦敦西南部泰晤士河边一块地皮,从1515年到1521年他投入巨资在这里修建了一座都铎式风格的红砖宅邸和规整的花园,宅邸内部有1280间房间,是当时全国最华丽的建筑,声势盖过了国王的宫殿。红衣主教感到树大招风的危险,于是他在1528年把这座宫殿以及里面的收藏都献给了亨利八世。

1529年,亨利八世入住此宫,热情好动的他在这里留下了不少故事。好吃的亨利八世扩建了厨房,让它一天能同时为超过600位侍从和宾客提供两餐。他还下令修建了装饰着精致橡木浮雕天花板的"白厅",这里可以容纳1000多人举行宴会或舞会。

1689年,来自荷兰的威廉三世与妻子玛丽二世共同继承了英格兰王位,威廉三世发现汉普顿宫平缓的草地景观类似荷兰的风景,很喜欢在这里居住,他让建筑师克里斯·托弗莱恩用巴洛克式的风格改造这里的建筑和后花园。托弗莱恩决定将宫殿改成对称的两翼用来安置两位君主的套房,可是工程进行到一半时玛丽二世突然病逝,工程就停了下来,所以至今汉普顿宫西面仍然是都铎式风格,东面则是巴洛克风格。威廉三世居住的东面寓所有华丽的装饰,分为国王居住的私人空间和办公的公共空间,后者包括议事厅(the Official Throne Room)、枢密院(the Privy Chamber)等。

远眺赫里福德郡东南的
汉普顿宫
纸上水彩，约 1806 年
特纳

左上：1836 年 8 月 3 日皇
家业余板球协会成员在汉
普顿宫举办首届板球大赛
布面油画，1836 年
佚名画家

左下：汉普顿宫
布面油画，约 18 世纪
约瑟夫·尼古拉斯

整个庄园的入口是由 4 个砖砌的方形立柱组成的象征性大门，立柱的顶端有战马、雄狮和战士盔甲的雕塑。穿过大门是大片的草地，草地中间有一条主路通向东南角的汉普顿宫东大门。这座大门是典型的都铎式建筑，由红砖垒砌，类似堡垒一样没有装饰过多雕塑、纹饰，显得庄重质朴。

汉普顿宫有 3 个连续的庭院。从东大门进入后是中庭，中庭的椭圆形大门被称为安布琳皇后门，上面有个巨大的时钟显示时间。四方形的庭院中央是喷泉和草坪，宫殿外庭有意大利雕塑家制作的 8 位古罗马皇帝的赤陶头像，内庭装饰了托马斯·渥西家族的盾徽、天使雕像以及红衣主教的帽子。如今的宫殿一层有面积宏大的画廊，展示王室收藏的千余幅画作。

汉普顿宫的园林占地 650 亩，有超过 8000 棵树木。这里有一座儿童喜欢的神奇花园（The Magic Garden），用高低错落的绿篱、植墙和层次分明的花坛、绿地、水池构成富有趣味的景观。另外还有一处世界上最古老的花园迷宫（The Maze），精心修剪的绿植之间有一条条蜿蜒曲折的小路，路径错综复杂，如果没有向导和图纸的话很难顺利走出来。

这座园林曾给来访的欧洲权贵留下深刻的印象,比如俄国历史上著名的女皇叶卡捷琳娜大帝颇为欣赏英国的园林艺术,她曾经从园艺师兰斯洛特·布朗的助手约翰·斯派尔斯手中购买了60幅描绘汉普顿宫园林景观的素描和水彩画。

第三节　斯陀庄园:向风景园林的转变

巴黎画家雅克·里戈 (Jacques Rigaud)留下了斯陀庄园从巴洛克风格园林向英式风景园林转变的精确记录。

白金汉郡的斯陀庄园(Stowe House)原来是一个不引人注目的乡村庄园。靠牧羊发家的坦普尔家族在1571年就租下了这里,到1589年约翰·坦普尔(John Temple)干脆买下这里作为自己的宅邸。此后,这个家族不断通过与贵族联姻的方式壮大,先后受封或继承准男爵、科巴姆男爵、科巴姆子爵、白金汉伯爵、白金汉公爵等爵位,在18世纪末的英国政坛,这个家族颇有影响。

1677年,第三代男爵理查德·坦普尔拆除了原来的旧宅邸,修建了如今依然可以看到的四层砖砌宅邸,附带一座早期巴洛克风格的花园。

他的儿子科巴姆子爵决定创建一个更大、更有特色的大花园,在1713年聘请了英国国王的园艺设计师查尔斯·布里奇曼(Charles Bridgeman)改造自己的园林。

布里奇曼与建筑师约翰·范布鲁(John Vanburgh)、詹姆斯·吉布斯(James Gibbs)合作,经过了20年的努力营建了一座占地28公顷的大花园。他们平整出各处的草地、林地,开辟了从入口延伸到宅邸前的长而直的车道,还挖掘修建了八角形的池塘,在花园边缘修成了一个面积4.5公顷的大湖。这时候的花园仍然保留了法式巴洛克花园的格局,不过已经不再刻意让道路、植物的分布完全对称,大部分植物也没有刻意修建成整齐的造型。布里奇曼还拆除了花园的围墙,在园地周围设置了一道壕沟式的"隐垣" (Ha-Ha Wall)作为隔离设施,它既可以阻止外人进入园林,也可以让园内游览者的视线延伸到园外的广袤风景。

科巴姆子爵或布里奇曼应该是看到了雅克·里戈在 1730 年出版的法国庄园系列版画，觉得非常精美，便于 1733 年邀请里戈来到白金汉郡，委托他绘制斯陀庄园的风景和建筑。里戈在斯托庄园描绘了很多幅作品，然后和委托人一起选择出 15 张，由里戈和雕版师巴伦（Bernard Baron）制成雕版版画图册于 1739 年 5 月 12 日出版。

这个图册是对斯陀庄园巴洛克风格景观的最后记录。就在描绘和出版这一图册的同时，这座园林正在发生巨大的改变：1731 年科巴姆子爵邀请威廉·肯特（William Kent）参与花园的设计和改造。

威廉·肯特之前在罗塞姆宅邸（Rousham House）设计建造了"光荣花园"，发展出自己独特的风格。他介入以后为斯陀庄园设计修建了一系列寺庙、桥梁和其他景观，比如著名的爱丽舍田园（Elysian Fields）、美德神庙、帕拉第奥风格的英国神庙。1741 年，园艺家布朗（Capability Brown）成为斯陀庄园新的园艺主管，他改造了道路、池塘、湖面，让它们显得更"自然主义"，1744 年还新建了一座帕拉第奥风格的桥梁。布朗还设计了林地风格的希腊山谷，创立了霍克斯韦尔场。詹姆斯·吉布斯也增加了一座哥特式寺庙。

厄尔·坦普尔伯爵从叔叔那里继承了这座庄园以后，聘请花园设计师理查德·伍德沃德（Richard Woodward）管理这里，他改造了一些寺庙和纪念碑，拆除了几座小型景观建筑，调换了个别建筑的位置，并在一座小丘顶上新修建了 18 米高的科林斯式拱门。

18 世纪末的白金汉侯爵（Marquess of Buckingham）在庄园中增建了两条主要的通道，在科巴姆纪念碑以东新开辟了 11 公顷的花园，并改造了一些建筑物。之后的两代白金汉公爵买下了花园东边其他人的地产，扩建为兰普特花园（Lamport），还创建了岩石花园和水上花园。

至此，这座庄园的花园变成了占地广大、独树一帜的英式风景园林。法式巴洛克园林都有明显的中心点或中轴线，在主要路线两边有笔直的林荫道、整齐的绿色图案式植坛，而英式风景园林努力模仿或保留自然状态的野趣，道路也多是沙石的曲折小径，需要人们在漫步过程中发现一处处局部的景点，往往还点缀着残损的废墟，异国情调的纪念碑、神庙、桥梁等，让文人雅士可以发思古之幽情。

上：希腊神庙
纸上铅笔，1739 年
雅克·里戈

下：斯陀庄园中从希腊神庙到布汉姆勋爵柱的景观
铜版原色水粉，1794 年
画家：约翰·施洗特·查特雷恩
雕版师：乔治·贝克汉姆

A View at the Queens Statue. Vne prise du Piedestal de la Statue de la Reine.

in the Gardens of Earl Temple at Stow in Buckinghamshire.

斯陀庄园的风格在18世纪中后期显得非常新奇,吸引了英国贵族、文人的关注,维多利亚女王和阿尔伯特亲王曾慕名前来参观和暂住。外国的贵族、皇室也纷纷前来拜访和参观,前来一游的包括威尔士王子弗雷德里克、登基之前的波兰国王斯坦尼斯瓦夫二世、丹麦国王克里斯蒂安七世、登基之前的英国国王乔治四世、后来成为法国国王的奥尔良公爵、未来的第二任美国总统约翰·亚当斯、瑞典国王古斯塔夫四世、俄国沙皇亚历山大一世和其儿子尼古拉斯等名人。痴迷园林的安哈尔特-德绍公爵雷欧波三世在1763年、1766年两次拜访这里,后来更是参考斯陀庄园的样子在德绍创建了英式风格的沃利茨园(Dessau-Wörlitz Garden Realm)。

这座庄园在坦普尔家族手中传承了300多年,19世纪末的时候这个家族开始衰落。1921年、1922年他们卖掉了这里的部分花园用地和宅邸,用来开设一座学校。现在,这块地方分成3个部分:斯陀宅邸和部分园林仍然是斯陀学校的驻地,园林的主体部分斯陀景观花园(Stowe Landscape Gardens)是非营利机构管理的收费景点,还有一小部分则是向公众开放的公园。

第九章 植物园

欧洲的科学研究曾经和基督教会有密切的关系,中世纪的许多修道院都曾在庭院种植药草,传教士往往也是草药学家、化学家。后来学术分化,许多城邦、国家设立大学,大学中的医药系设立自己的药草园、植物园。

从 15 世纪末 16 世纪初地理大发现时代开始,欧洲人从经济、知识研究角度对全球的资源进行收集、整理、分类和商业开发,许多新奇的花木从亚洲、非洲、美洲汇聚到了欧洲的植物园和公私园林中。这些植物园对近代园林的发展有诸多影响,不仅因为它们在园艺植物的物种收集、研究、展示和传播方面发挥了重要作用,还因为它们提供了全球范畴的比较视野,改变了人们对于环境、植物和园林的理解。

帕多瓦植物园
雕版印刷,1842 年
安德里亚·图斯尼

第一节 帕多瓦植物园:世界上第一个植物园

帕多瓦植物园(Botanical Garden Padua)创建于 1545 年,是世界上最古老的植物园。

帕多瓦位于意大利北部,距威尼斯 35 千米,这里有一所 1222 年创建的帕多瓦大学,是欧洲最古老的大学之一。15 世纪以后威尼斯共和国控制着这座城市,他们颇为重视发展学术、艺术。

16 世纪时欧洲的大学极为重视药草学的研究,如比萨大学在 1544 年就修建了一座药草园,可是它经历了两次位置迁移,1591 年才固定下来。帕多瓦大学也希望建立自己的药草园,1545 年该校老师弗兰西斯科·博纳弗德请求威尼斯共和国议会拨款创建一个药用植物栽培、教学的基地,议会批准了这一申请。

威尼斯贵族巴巴罗(Daniele Barbaro)参照中世纪欧洲庭院设计思想规划了这座药草园:圆形的植物园占地2公顷,为直径84米的圆形,内部有东西方向、南北方向的2条交叉道路,将园区分割成4个部分共16个小块,各块又分成许多几何形植床,由一属或一种植物组成。园林周围修建了围墙,以防外人偷盗这些价格昂贵的药草。

1546年药草园落成后,主要供大学老师研究药草并进行教学。至1552年园内种植了1500多种不同的植物,多数来自和威尼斯有贸易关系的地区。随着科学认识的不断提高,帕多瓦植物园也不断增加和改变植物品种,并增加了温室等设施。到1834年,园内已经收集了16000种植物。这里最古老的树木是1585年在温室内种植的一棵棕榈树,德国诗人歌德在参观这棵树以后把它写入了自己的诗歌,因此它被称为"歌德棕榈"。

随后几个世纪,院内的建筑物逐渐增多,16世纪末增加了用于装饰、灌溉的喷泉,1704年修建了4座大门和内部的锻铁植物花架,之后又增加了一些大理石的人物雕像、花瓶、栏杆等。

由于帕多瓦大学植物园和比萨药草园的影响,之后在佛罗伦萨等地也相继出现了多个植物园。欧洲其他国家也开始模仿,如1580年德国有了莱比锡植物园,1587年荷兰有了莱顿植物园,1597年英国有了伦敦植物园,1635年法国有了巴黎植物园。这些植物园最初都以栽种、研究药用植物为主,后来逐渐发展成为综合性的植物展示、研究机构。到了19世纪、20世纪,世界各地的大城市几乎都设置了植物园,大多数都是观赏、研究植物的公共机构。

第二节　英国皇家植物园丘园:帝国的荣耀

皇家植物园丘园(Royal Botanic Gardens,Kew)位于伦敦西南部米德尔塞克斯里士满自治镇,占地132公顷。根据21世纪初的统计,这里栽种了40000多种植物,拥有超过700万件植物标本,号称拥有世界上规模最大、最多样化的植物和真菌学收藏品。还有一座巨大

英国皇家植物园（丘园）：
宝塔和桥
布面油画，1762 年
理查德·威尔逊

的图书馆，有超过 750000 册图书、175000 份版画和植物图谱。它是全球最著名的植物园之一，是英国和国际重要的植物研究和教育机构。

丘园所在地块本来是英国王室的庄园用地，1299 年爱德华一世在附近修建了里士满庄园，后来废弃不用。1501 年，亨利七世在附近建造了里士满宫，这是他最喜欢逗留的行宫之一，当朝显贵为了攀龙附凤，也纷纷在附近买地建宅。卡佩尔勋爵（Lord Capel John of Tewkesbury）、威尔士公主奥古斯塔（Augusta）率先引种具有异国情调的花木到自己在里士满的花园中，带动了贵族营造独特花园的风气。

18 世纪中叶，乔治三世决定改造里士满宫的花园，让设计师威廉·钱伯斯（William Chambers）建造了几座花园建筑，在 1758 年修建了古希腊式的阿瑞图萨神庙，1760 年建成了刻意营造废墟感的废墟拱门（Ruined Arch），1761 年在花园东南角建造了一座高耸的八角形中国宝塔（Great Pagoda）。这座宝塔有 10 层，高达 50 米，从地面向空中逐层缩小，每层都以瓷砖覆盖，有中式檐角，四周装饰着以金漆绘成的 80 条木质飞龙，这些木头腐烂掉落以后现在只剩下砖块组成的墙壁。

钱伯斯本人并未到过中国，他的这一设计可能是模仿南京大报恩

丘园的拱门
彩色插图，1908 年
托马斯·莫尔·马丁

寺的琉璃塔。

当时欧洲大陆贵族中流行"中国风"（Chinoiserie），瓷器、家具、室内装饰、建筑、园林设计都喜欢采纳中国、日本等地的异域情调元素，中国外销工艺品如瓷器、壁纸、漆器等大受欢迎，有关中国建筑和园林的信息也在明末清初传播到欧洲，产生了不小的影响。17 世纪荷兰人约翰·尼尔霍夫所撰《荷兰东印度公司使节出访大清帝国记闻》中有他绘制的南京大报恩寺琉璃塔的插图，钱伯斯或许就是从这本书上得到启发，才设计出上述宝塔的形式。

1772 年，乔治三世把附近的地块合并为里士满宫花园的一部分，1781 年又购买了邻近的一座宅邸"荷兰之家"作为王室的托儿所，即是如今所称的丘园宫（Kew Palace）。

1840 年，维多利亚女王划出王室园林中的 30 公顷土地设立了国立植物园，后来，这座植物园逐渐扩展，增大到 109 公顷、121 公顷，上

丘园中的"棕榈屋"
彩色插图，1908年
托马斯·莫尔·马丁

述里士满宫的花园大多都成了丘园的组成部分，中国宝塔也成了丘园的代表性景观。除了丘园本部，丘园皇家植物园在1965年以后还管理着西萨塞克斯郡的威克赫斯特宫（Wakehurst Place）的园林。

在18世纪末至20世纪初英国最为强大的时候，丘园显示了它对全球资源的吸纳能力，英国商人、园艺师、科学家、殖民官员从世界各地运送各种植物标本、种子、苗木到这里，其中来自中国的植物就有上千种，很快这里就成了欧洲拥有最多外来植物的植物园之一。

这里的许多中国植物都来自厄内斯特·威尔逊（Ernest Henry Wilson）这样的"植物猎手"。威尔逊年轻时曾在伯明翰植物园、丘园工作，后来受聘于一家园艺公司，专门负责到中国搜罗园艺植物。1899年至1911年，他先后四次到访中国中西部，足迹遍及四川、云南、重庆、湖北等地，收集了65000多份植物标本、1593份植物种子和168份植物切片。1929年他出版了专著《中国，园林之母》，记录了他在中国西部收集植物的经历。

　　丘园中还有1913年建筑师德西默斯·伯顿和铁制造商理查德·特纳用锻铁、玻璃修建的维多利亚式棕榈玻璃温室，至今还在使用。另外还有一座异国风情的建筑日本门（Chokushi-Mon）比较有名。20世纪初英国为了对抗俄国在远东的势力，和日本结为盟友，两国经济、文化交往密切，1910年日本人模仿京都西本愿寺的大门制作了一件略微缩小的复制品参加了在伦敦举办的日英博览会，展会结束之后将它赠送给了英国，1911年被安置在中国宝塔以西约140米处。丘园中还有几个可以举办展览的建筑，包括谢伍德植物艺术画廊（Shirley Sherwood）、迈瑞尼诺斯植物艺术画廊（Marianne North）、主博物馆等。

　　19世纪时，许多画家都描绘过丘园，其中最著名的是印象派画家毕沙罗。他相信"救赎存于自然"，是最钟情自然和园艺的画家之一。1892年5月底，他到伦敦旅行，小住了两个多月。从6月开始他就经常到伦敦郊区里士满附近的丘园中作画，他非常喜欢那里的树木、起伏的草坪和乡村景观，为此他还特地搬到了距离丘园更近一点的地方居住。

　　毕沙罗经常到园中现场作画，曾在给朋友的信中说："英国皇家植物园很棒，周围的乡村景色也很棒，可惜天光太短，而我作画需要的时间太长，我绝望了！"从6月到9月，他创作了至少8幅从不同角度描绘这座植物园的油画作品。这一时期他常常使用点彩派的技法，用一个个密集的小点构成画面的形象，用一些橙色补充蓝绿色的整体色调，非常适合用来描绘草地和成片的树林，不过这些画需要站在一定的距离才可以辨别出隐约的形象。

丘园
布面油画，1892年
毕沙罗

丘园
布面油画，1892 年
毕沙罗

第十章　近代城市公园

19世纪时，英国的工业化让城市集聚了越来越多的人口，一些城市管理者、商人和议员注意到普通工薪家庭缺乏散步、运动和娱乐的空间，于是创设了近代的公共休闲场所"城市公园"：1840年，英国德比市的商人、慈善家约瑟夫·斯特洛特（Joseph Strutt）捐赠修建的"英国第一个公共公园"德比植物园（Derby Arboretum）开放，这是一座向全体民众开放的、专门满足城镇居民休闲所需的公园，这里虽然收取门票，但是有特定的免票日供城镇居民前来休闲。此后利物浦、曼彻斯特郡都出现了商人捐资修建的公园。

1847年，英国默西塞德郡伯肯黑德市建成了世界上第一个由政府出资修建的城市公园"伯肯黑德公园"（Birkenhead Park），由著名设计师约瑟·帕克斯顿（Joseph Paxton）设计。之后欧美各国的市政当局纷纷开始修建各种类型的公园，既有街头巷尾的小公园、城市中心的大型公园，也有面积广大的郊野公园、森林公园乃至"国家公园"。

对当代人来说，"公园"是自然、半自然或人工维护的特定公共空间，供公众休闲、娱乐，或出于保护野生动植物及环境的目的设立。近代公园和之前贵族、富豪修建的"园林"的最大区别是公园属于所有公众，而古典时代的绝大多数园林都属于私人所有，只对亲朋好友、社交圈内人士开放。

第一节　波士顿公共绿地：美国第一个城市公园

波士顿公共绿地（Boston Common）是波士顿市中心的大型公园，

地位等同于纽约的中央公园、伦敦的海德公园。它的历史可以追溯至1634年，是美国最古老的城市公园。

早在8500年前，就有美洲原住民曾在这一地块生活过，印第安人把这里叫作"沙姆"（Shawmut）。16世纪初一位欧洲传教士威廉·布拉克斯顿（William Blaxton）最早进入这片区域，占有了这里的大片土地。1630年，温索普（John Winthrop）带领750名清教徒乘坐11艘帆船从英国航行到波士顿海岸，他们在"沙姆"以北的地方住了一段时间，因为那里太潮湿，温索普等人决定搬到南边干燥一些的地方，就出钱从布拉克斯顿手中买下一大片地方。温索普等人用他们在英国故乡的名称命名这里为"波士顿"，他们集中建房居住的地方成了波士顿城最早的中心，另外一些较远处的草地、林地则被开辟为公共牧场。

此后，波士顿人纷纷把自己家的牛羊赶到这片公共牧场上放牧，牛多草少，不久后草场就不敷使用，出现了所谓的"公地悲剧"现象，于是人们商量之后，决定限制每家在这里放牧牛羊的数量，这样才可以长期利用。因为这片公共牧场比较开阔，教会和市政当局曾把它当作刑场用于惩罚贵格会的教徒，英国皇家军队也曾把这里当作训练的营地，在美国独立战争爆发后，英国军队就是从这里出发前往列克星敦与独立军战斗的。

随着波士顿城区的扩张，这片公共牧场渐渐和居住区越来越接近，附近的林荫道也成了人们日常休闲的好去处，比如特雷蒙特林荫道（Tremont Mall）自1728年以来就是波士顿人喜欢的休闲场所。1830年市政当局在附近设立了一座公共公园"华盛顿公园"，公园外相邻的大片草地也被默认是公园的一部分。1836年，政府用一个装饰性的铁栅栏完全封闭了这一大片绿地和它外围的5条休闲林荫道，这里真正变成了一座属于全体市民的公园。

波士顿公共绿地可谓世界上第一个公共城市公园，要比英格兰的类似公园出现得更早。波士顿公共绿地由20公顷土地组成，以前查尔斯街一侧以及毗邻的公共花园部分曾被附近居民当作垃圾场，原因是这是公园中最低的部分，到1895年夏天，市政当局用修地铁挖掘出来的土壤填埋了这片低洼的部分，把它改造成平坦的草地。

1851年波士顿公共绿地举办的铁路禧年
（仿威廉·夏普1851年原作）
亨利·莫尔斯

波士顿公共绿地
布面油画，1886－1891年
恰尔德·哈萨姆

波士顿公共绿地曾经是作家爱默生、惠特曼散步讨论诗歌的地方，绿地西侧的中央墓地是波士顿最早的墓地之一，那里埋葬了画家吉尔伯特·斯图尔特、作曲家威廉·比林斯、诗人塞缪尔·斯普拉格等人。

如今的波士顿公共绿地以"青蛙池塘"这个湖泊为中心，这里在夏天是一个热闹的临湖休闲景点，冬季时湖面则会被当作溜冰场和滑冰学校培训基地使用。公园的西部有大片的草坪，西南角有一座垒球场。绿地东南角上的布鲁尔喷泉位于公园街和特雷蒙特街的拐角处，这是1868年时波士顿商人布鲁尔（Gardner Brewer）捐赠的。这座青铜喷泉有6.7米高，重达6800千克，曾是巴黎世博会的展品，布鲁尔花费巨资购买并运输到波士顿，竖立在绿地一角，成了这座城市最著名的景观之一。

与欧洲大陆的绝大多数公园由政府管理不同，美国有悠久的民间自治传统，民间机构经常参与公共机构的创设、管理、运营、维护，比如这一公共绿地虽然由波士顿市的公园管理局管理，但交由民间组织"公共花园之友"维护，后者接受各界捐助，所得资金主要用于公园的维护和举办特殊活动。

至今，这座绿地仍然是波士顿居民最喜欢的场所之一，人们经常在这里举办各种音乐会、垒球比赛和滑冰等活动。

第二节　海德公园：伦敦最自由的场所

海德公园是伦敦市中心最著名的公园。

最早这里是一片空地，属于威斯敏斯特大教堂（Westminster Abbey），1536年亨利八世从教会手中夺取了这片土地，当作王室专属的狩猎场。16世纪初，詹姆士一世允许其他贵族也可以进入这里狩猎。1637年，查理一世将这里向全部公众开放，这里逐渐就成了伦敦各阶层人群喜欢的休闲地点之一。

英国王室的主要宫殿肯辛顿宫和白金汉宫邻近海德公园，实际上肯辛顿宫附属的肯辛顿花园和海德公园本来是连在一起的，早期不分彼此，通过海德公园的一角也可以方便地抵达另一座王宫白金汉宫。

由于各阶层的人群都到海德公园来休闲，为了避免平民和王族彼

海德公园蛇湖
木板油画，19 世纪中期
乔治·西德尼·谢泼德

此影响，1728 年乔治二世的王后卡罗琳让人把肯辛顿花园和海德公园两者分开，分界线大约在亚历山德拉门至维多利亚门之间的西马车道和蛇形大桥。海德公园占地 142 公顷，肯辛顿花园占地 111 公顷，肯辛顿花园也对公众开放，但是更加正式一些，只白天开放，夜晚会关闭，而海德公园是从早上 5 点到午夜都开放。

卡罗琳王后注重花园的建设，让人在海德公园道路两侧种了许多榆树，并在海德公园和肯辛顿花园之间挖掘修筑了蛇形的湖泊，这就是如今著名的蛇形画廊所在的地方。19 世纪时，公园又新增了一些设施，如 20 年代修建了公园大门和惠灵顿拱门。

在 18 世纪，海德公园是一个受欢迎的决斗地点，一共发生了 172 次决斗，导致 63 人丧生，后来因为法律禁止决斗，才刹住了这股风气。到了 19 世纪后期，随着伦敦城的扩展和人口的增加，海德公园周围的区域成了居民区，各阶层的人都以这里为休闲的好去处。

上：1851 年观众进入海德公园
参观"水晶宫"中的世界博览会

下：1851 年世界博览会"水晶宫"
内部展场

上：五月的海德公园
纸上水彩和水粉，1893 年
罗斯·梅纳德·巴顿

下：威廉·梅西－斯坦利在海德公园开着他的敞篷车
布面油画，1833 年
约翰·费内利

这里曾是举办 1851 年世界博览会的主要展场。为了陈列世界各国的众多展品，设计师约瑟夫·帕克斯顿（Joseph Paxton）在公园南部草地上设计修建了一座钢铁和玻璃构成的"水晶宫"，它是当时英国强大的工业实力的象征，创新的建筑结构也在整个欧洲引起轰动。从 1851 年 5 月到 10 月的 5 个月里，有 600 万游客到这里参观展览，人们得以了解世界各地最新的技术、丰富的商品和艺术品。

展览结束以后，伦敦公众并不喜欢水晶宫继续占领公园的绿地，帕克斯顿筹集资金买下水晶宫的部件，把它们搬到了伦敦南部的西登汉姆（Sydenham）山重建，可惜，这座水晶宫在 1936 年遭遇火灾被焚毁了。

有意思的是，海德公园最初开放的 200 多年仅有大片的草坪和一些树林。直到 1860 年，景观设计师威廉·安德鲁斯·内斯菲尔德（William Andrews Nesfield）才在海德公园开辟了一小片空间首次种植花卉。

以前海德公园里最多的是榆树，可惜 20 世纪后期因为感染一种真菌病导致好几千棵榆树死亡，如今公园里可见的大多是补种的枫树和酸橙树。公园里还有一个占地 1.6 公顷的温室，为附近的王宫花园提供替换的花卉。

1872 年以来，海德公园的演讲角成为人们发表演说和辩论的场所，各种社会运动的积极分子都曾在这里发言或举行抗议活动。在 20 世纪末期，海德公园也开始举办大型免费摇滚音乐会，吸引了不少年轻人的关注。

第三节　布洛涅森林公园：为枯燥的漫步带来活力

19 世纪 40 年代初，在伦敦流亡的拿破仑三世对海德公园留下了深刻的印象，它庞大的面积容纳了湖泊、溪流、草地、树林以及各种休闲设施，那些弯曲的道路让所有阶层的人都可以漫步休闲。而同一时期的巴黎中心只有杜乐丽花园、卢森堡花园、卢浮宫花园和植物园这 4 个公园，而且都是原来的王室宫苑，格局、气氛过于正式，缺乏让各阶层市民休闲的大型公园。

布洛涅的朗香门
布面油画，1812年
克里斯多夫·威廉·埃克斯伯格

　　1852年，当上法兰西第二帝国皇帝的拿破仑三世决心对巴黎进行一番大改造，他任命乔治-欧仁·奥斯曼男爵制订巴黎重建计划，全面建设新的宽阔街道改善交通状况，建立新的配水系统和下水道改善卫生状况，也为市民开辟更多休闲娱乐空间。

　　拿破仑三世觉得巴黎的公园太少，决定在巴黎西、东两边建立两座大型公园。他捐出巴黎西郊塞纳河畔的皇室土地布洛涅－比扬古用来修建布洛涅森林公园（Bois de Boulogne），捐出巴黎东郊的皇室土地修建文森斯公园（Bois de Vincennes），后者建成后占地多达845公顷。

　　布洛涅森林原来是一大片古老的橡树林，中世纪早期，法兰克王国的贵族常在里面狩猎熊、鹿之类的野兽，后来国王希尔德里克二世（Childeric II）将这片王家森林赠送给圣丹尼修道院，后者在那里建

布洛涅森林的小木屋酒馆
木板油画，1900 年
让·贝罗

布洛涅森林里的超速罚单
纸上水彩画，19 世纪末 20 世纪初
安娜·罗莎

立了几个修道院。他的孙子菲利普·奥古斯都（Philip Augustus）喜欢打猎，在 13 世纪初又从僧侣手中买回森林的主要部分，改为王家狩猎区。1815 年以后，这片王室猎苑并没有得到有效管理，到处都是荒芜惨淡的草地和树桩。

1852 年，拿破仑三世捐出这片王家猎苑，政府另外购买了附近的大片土地，打算修建一座一直延伸到塞纳河边的大公园，政府同时还出售了布洛涅森林的北端土地来补充修建公园的资金。拿破仑三世亲自参与了布洛涅森林公园的规划，在视察工地时，他告诉设计师："在这里我们必须有一条小溪，就像在海德公园一样，为枯燥的漫步带来活力。"

1852 年，建筑师雅克·希托夫（Jacques Hittorff）和景观建筑师路易斯·叙尔皮斯瓦尔设计了布洛涅森林公园的第一个规划方案，如皇帝所要求的那样，他们设计了纵横交错的小路，串联几个湖泊以及一条类似于海德公园蛇湖的长河。可是造园师瓦雷（Varé）和雅克·希托夫没有考虑到河流开始和结束之间的高差，奥斯曼男爵看到部分完成的溪流时意识到了这个问题，他解雇了粗心的瓦雷和希托夫，重新设计修建了一座位置较高的上部湖和位置较低的下部湖蓄水。

1853 年，奥斯曼聘请了工程师阿尔法德（Jean-Charles Alphand）负责设计建造布洛涅公园。阿尔法德保留了原设计中两条长而直的林荫大道，在周边设计了大片起伏的草坪、草坡，点缀着众多湖泊、丘陵、岛屿、小树林，连接这些景点的是总长 58 千米的石子路、12 千米长的沙砾道以及 25 千米长的步行土路。这种不同层级的道路和景观组合的方式为之后巴黎新建的公园所模仿，也影响了后来世界各地的公园设计。

公园中除了这两座大蓄水湖，还包括 8 个中小型的人工池塘和连接它们的 3 条人工溪流。来自塞纳河的水无法提供足够的水补充湖泊和灌溉公园，因此园方修建了一条运河将乌尔克河（Ourq River）的水引入公园的上部湖，然后流向下部湖，即使如此水源仍然不敷使用，1861 年又挖了一个深达 586 米的自流井，它每天可以为公园输送 2 万立方米的水。

首席园丁和景观设计师让-皮埃尔·巴雷莱特-德尚（Jean-Pierre Barillet-Deschamps）带领园丁在这座公园里种植了 42 万

星期天在布洛涅森林散步
布面油画，1899 年
亨利·埃弗内普尔

布洛涅森林
布面油画，1903 年
阿尔伯特·利奥波德·皮尔森

棵树木和 270 公顷的草坪,包括鹅耳枥、山毛榉、椴树、雪松、板栗树和榆树等。为了让森林更加自然,他们还在园中放养了 50 只鹿。园中还设计了一系列娱乐场所,如运动场、音乐台、咖啡馆、射击场、马厩、湖边划船景点等。1855 年,新任的种植园负责人设计了 24 座展馆和咖啡馆、门房、划船码头等建筑。

1858 年布洛涅森林公园一开放就引起轰动,成为 19 世纪末 20 世纪初巴黎人最喜欢的周末休闲去处之一,周末去往那里的道路上满是坐马车和骑马的人。后来随着交通工具的发展,人们踏着自行车、开着汽车前往那里。

当时这里是巴黎的时髦场所,法国文艺作品中经常出现这座公园,左拉的《娜娜》、福楼拜的《情感教育》、普鲁斯特的《追忆逝水年华》等小说都曾提及这里,马奈、雷诺阿、凡·高等画家也描绘过园中的景观。如今的布洛涅森林公园依旧是巴黎人周末骑自行车、慢跑、划船的好地方,公园的大部分地方都允许野餐,但不允许烧烤。每年 7 月暑假还会举办为期 3 天的周末派对。

这座公园北部还有一处占地 20 公顷、单独收费的动植物驯化园(Jardin d'Acclimatation),里面有小型的动物园、植物园以及游乐园。1860 年 10 月 6 日,拿破仑三世和皇后亲自为这座驯化园揭幕,这里展示的长颈鹿、斑马、袋鼠、猎豹和羚羊等动物曾让巴黎人感到十分新奇。

1877 年,德国动物学家卡尔·哈根贝克(Carl Hagenbeck)带来一群努比亚部落成员,安置在美洲驼和哺乳动物展馆之间的动物摊位前向公众展出,这些部落民众的长相、装扮、用具和行为方式吸引了很多人前来买票参观。看到人们对各种异国情调的文化现象如此着迷,商人们就组织南非、北非和南美洲的土著人以及俄国的拉普兰人、哥萨克人在这个所谓的"民族学园"中建立小型村落居住,展示他们的生活方式和工艺品。从 1877 年到 1912 年有 22 个类似的展览在这里展出。

后来这类展览不再受欢迎,这座动植物驯化园也大为衰落,曾多次被不同企业接手管理和运营,先后设置了亚洲风格的茶馆、漆木桥、韩国花园和面向儿童的科学探索博物馆(Exploradome)等设施。后来路

湖边
布面油画,1879 – 1880 年
雷诺阿

易·威登基金会租下这里进行管理,2014 年他们请著名建筑师弗兰克·盖里为这里设计了路易·威登基金会博物馆,经常举办文化艺术活动,把这里打造成了一个时尚的艺术中心和当代园林。

第四节　蒙梭公园:新巴黎的第一座公园

在现代艺术的起源之都巴黎,小而精致的蒙梭公园曾经是最富有异国情调的园林。

法国国王路易十六的堂弟、沙特尔公爵路易·菲利普·约瑟夫是英国文化的爱好者,当时英国贵族中流行带有东方情调的"英中式"园林,这位年轻的公爵希望在巴黎修建一座类似的园林。1778 年,他聘请画家卡蒙特勒(Louis Carrogis Carmontelle)为自己设计一座全新的私家花园。

路易·菲利普·约瑟夫是法国大革命时期的一个戏剧性人物,他出身王室,后于 1785 年继承父亲的爵位成为奥尔良公爵,1789 年巴黎爆发革命后他支持革命一方,甚至投票同意处死自己的堂兄路易十六,可惜在当时的动荡形势下,他也未能逃过一劫,1793 年他被更加激进的雅各宾派处决了。他的儿子路易·菲利普 1830 年曾被推上法国国王之位,1848 年法国二月革命时被迫逊位,只能前往英格兰隐居终老。

年轻的公爵不仅想仿造一座英式风景园林,还希望把更多东方元素和西方元素结合起来造就一座幻想中的花园,成就了那个时代的小型"世界之窗"。1779 年花园开幕那天,公爵让仆人穿着东方风格的服饰、放养着骆驼等不常见的动物,花园里面也随处可见异国风情的景观:最核心的池塘周围修建了一圈科林斯式柱廊,其他地方布置了微型的埃及金字塔、中式拱桥、睡莲池、鞑靼帐篷、农舍、荷兰风车以及微缩的意大利式葡萄园、石窟,甚至还有一座充当化学实验室的哥特式建筑。

后来这座私家花园几经改造,比如 1787 年时在花园的北边新修了一段边墙,还修建了一座圆形的古典多立克柱式凉亭。1793 年这座花园一度被政府没收,隔了一段时间又归还到公爵家族手中。之后公爵的后人把这里卖给了一家地产商,一部分地块被开发成豪华的联排别墅出售。

1860 年巴黎市政府买下这座花园的剩余部分，当时法国皇帝拿破仑三世正让奥斯曼男爵重新规划和改造巴黎，奥斯曼男爵让人把残留的花园进行了一番改造，引种了世界各地传入的新品种花木。建筑师加布里埃尔·戴维德（Gabriel Davioud）拆除了原来的中式拱桥，模仿威尼斯的里亚托桥（Rialto bridge）修建了一座新桥。此外，还新修建了一座 8 米多高的装饰性大门。1861 年其正式作为公园向公众开放，这是新巴黎的第一座公共公园。

蒙梭公园如同中国园林那样讲究"移步换景"，它有着并非几何对称的布局，无法在观景制高点上一览无余，人们可以在蜿蜒的人行道中边走边欣赏花木，经历一处处有趣的小景观，在车喧马嘶的巴黎市中心可谓都会中的一座小绿洲。

印象派画家莫奈喜爱在这个公园中作画，他和夫人常到这里散步。1876 年春天，莫奈创作了 3 幅描绘蒙梭公园的作品，其中一幅还

在 1877 年的印象派画展中展出过。1878 年 1 月,他从阿让特伊村搬回巴黎后曾住在蒙梭公园附近的爱丁堡路,这一年他又创作了 3 幅关于该公园的作品。

莫奈有一幅画描绘在蒙梭公园道路边的椅子上闲坐休息的男女,他在绘画中强调阳光对于草木的视觉影响,透射下来的阳光在草地上、路上都留下了斑点一样的投影,那些描绘光线照在草地上的笔触非常的快速。这幅画中的一切都显得朦朦胧胧,就像是从睡眼惺忪中刚睁开眼时看到的一样,这是午后特有的一种放松的感觉。这种快速的现场写生画法在古典派画家看来只能用于习作,可对印象派画家来说,把那一刻的光影呈现下来就足够美好了。

如今,这座公园和莫奈时期最大的不同是里面安设了很多人物雕塑并开辟了儿童游乐区。20 世纪初,巴黎市政当局在这里新增加了很多作家、音乐家的雕像,如中国人熟悉的莫泊桑、肖邦等人的雕塑散落在公园的各个地方,游人不经意间就能在小径的某处与"他们"相遇。

蒙梭公园
布面油画,1877 年
卡耶博特

右:景观:蒙梭公园
布面油画,1878 年
莫奈

第五节　中央公园：纽约蓬勃的"绿肺"

中央公园或许是纽约这座城市中最令人惊叹的事物，在高楼大厦耸立的曼哈顿，这座公园可以说是一个绿色的谷地、一个休闲的乐园、一个社交的场所，是纽约人最喜欢的公共设施。它位于曼哈顿的中心，占地341公顷，其南部多元的公共设施、北部富有野趣的林地不仅吸引了纽约本地的市民，也是全球游客喜欢拜访的景点，每年都有数千万游人到这里漫步。

如今的中央公园北部有许多高大的树木，密林中悄悄滋生的蘑菇、朽坏的枯木给人的印象是这里似乎是有数百年历史的原始森林，看上去极富野趣。实际上，这些林木和地形几乎都是19世纪时人工设计、布置的景观，仅有100多年的时光沉淀。正如它的设计师弗雷德里克·罗姆·奥姆斯特德（Frederick Law Olmsted）所言："这个公园的每一英尺地面、每一棵树、每一丛灌木、每一个拱门、每一条道路、每一条步道都是有目的地设置的。"

1821年至1855年间，纽约市的人口几乎翻了三番，城市向北扩展到曼哈顿岛，整个城市变得越来越喧嚣。许多市民在休息日喜欢到附近的溪流、林地、墓园之类的户外场所休闲，中央公园所在的地方本是一片农田，有几个自然的湖泊和池塘，一些人周末就去那里游玩。

当时英国市政当局修建的伯肯黑德公园的开放在英美产生了很大影响，许多人开始呼吁议会和政府为公众建造更多公共园林。纽约的一些报纸编辑和建筑师呼吁纽约市应该利用曼哈顿的这片湖泊和田地修建一座大型公园。纽约市议会积极呼应这一提议，于1856年拨款550万美元购买了黑人、爱尔兰人在那里的农地。

在次年举办的公园设计方案竞赛中，景观设计师奥姆斯特德和卡尔弗特·沃克斯（Calvert Vaux）的"绿草地"方案赢得比赛，他们规划了园内的景观和道路，设计了36座各不相同的桥梁以及标志性的贝塞斯达喷泉（Bethesda Fountain）。后者于1873年建成，喷泉上有埃玛·斯特宾斯（Emma Stebbins）设计的雕塑"水之天使"，背后则是雅各布·韦里·莫德（Jacob Wrey Mould）设计的拱形双层台阶，这

中央公园
纸上铅笔和水彩，1900年
莫里斯·普伦德加斯特

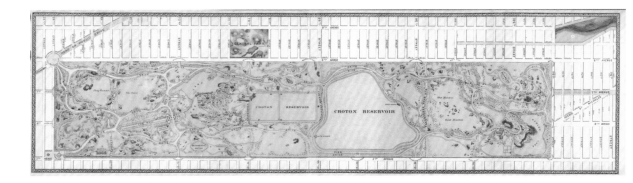

THE TERRACE

上：中央公园规划图

彩色手工地图，1868 年

奥姆斯特德和卡尔弗特·沃克斯

下：中央公园贝塞斯达台阶的景观

彩色印刷，1869 年

纽约地理学家

里至今依然是中央公园最著名的休闲去处之一。

奥姆斯特德希望这座公园是一个让普通市民可以放松、休闲的地方,不仅有大片的草地,也有露天音乐场这样的设施,方便人们聚会和娱乐,他认为"中央公园是上帝提供给成百上千疲惫的产业工人的一件精美的手工艺品,他们没有经济条件在夏天去乡村度假,在怀特上山消遣一两个月时间,但是在中央公园里却可以达到同样的效果,而且容易做得到。"[1]

1857 年至 1873 年,公园全部工程完工,大约有 1000 万车泥土被运走,人们在这里栽种了约 1500 种、400 多万棵树木,这里成为曼哈顿最大的一片绿色空间,市民最为喜欢的公共场所。

20 世纪初的中央公园一度被疏于管理,很多草坪裸露出泥土,随处可见丢弃的垃圾。1934 年当选的共和党市长菲奥雷洛拉·瓜迪亚任命罗伯特·摩西管理纽约的公园。摩西大力改进中央公园的管理,重新修剪草坪,更换死树,更重要的是他加强了这座公园服务公众娱乐和体育需求的功能,建造了 19 个游乐场、12 个球场,让这里不仅是市民散步的好地方,也成为各界人士进行家庭游乐、体育休闲的一大中心,从而让公园和公众的关系变得更加紧密,也让更多的公众开始关心和支持这座公园的发展。

中央公园在管理上也有自己的特色,1980 年以后非营利机构中央公园保护委员会和政府机构合作对这里进行管理和运营,前者负责园区大多数地方的管理,他们的主要经费来自民间捐助。

---

1 威托德·雷布金斯基 (Witold Rybczynskiw) 著,陈伟新译:《纽约中央公园 150 年演进历程》,《国外城市规划》,2004 年 4 月。

中央公园的春光
布面油画，1908 年
恰尔德·哈萨姆

中央公园冬天池塘滑冰的场景
石版彩印，1862 年
克里和艾维斯、查理斯·帕森斯

第十一章　近代私家花园

19 世纪后期欧美政府在城市中大量修建公园的同时,人们也在精心照看自己的私家花园,不论是在城市住宅的门前屋后,还是在郊区别墅中,人们都在尝试以花木装点自己的生活,让自己生活在舒适美好的环境中。

莫奈、凡·高、克利姆特、利伯曼等艺术家们留下了自己家或者亲友家的园林的图像记录。印象派画家莫奈是一个痴迷设计、打理园林的园艺家,他在吉维尼的故居就是他的园林美学的体现,如今这里是一座园林式的博物馆。

莫雷诺花园
布面油画,1884 年
莫奈

第一节　莫雷诺花园:只存在于绘画中

博尔迪盖拉(Bordighera)是意大利的一座海边度假小镇,距离法国边境只有 20 千米,凭借肉眼就能看到法国的海岸。

这个小镇第一次出名是在公元前 1 世纪,罗马帝国的开创者屋大维曾经把自己名声不好的女儿朱莉娅·奥古斯特(Julia Augusta)流放到这里。中世纪时这里曾是海盗出没的地方。它是欧洲第一座种植海枣这种棕榈树种的城镇,中世纪后期开始每年为梵蒂冈教廷提供棕榈树叶用于复活节庆祝。这里的民众长期以来都以农业和种植橄榄、柑橘、海枣为生。

19 世纪中后期,英国上层兴起了在南欧海边度假的风尚,1855 年爱丁堡出版的一部意大利作家撰写的英文小说中提及这个小镇的风情,吸引了一些英国人前来休闲度假。到 1860 年,这里出现了第一家

莫雷诺花园中的橄榄树
布面油画，1884 年
莫奈

酒店，1873 年这里开通了火车，巴黎人乘火车 24 个小时就可以抵达，于是越来越多的英国人、法国人前来这里旅游，小镇成了一处远近闻名的度假胜地。

　　游客们对这里沿岸种植的棕榈树印象深刻，法国沿海一些城镇曾从这里引种棕榈树，如尼斯著名的海滨大道上的树木就来自这里。1886 年，流亡英国的拿破仑三世的皇后欧仁妮·德·蒙蒂若（Eugénie de Montijo）来过这里度假，所以法国作家朗盖德（Stéphen Liégard）给这个小镇起了个外号"棕榈树的皇后"。朗盖德是"蓝色海岸"（La Cote d'Azur）这一概念的发明者，他主要用来称呼法国南部的诸多地中海城镇，连带着也写到了和法国接壤的博尔迪盖拉。

　　弗朗西斯科·莫雷诺（Francesco Moreno）是一位富有的橄榄油

商人，同时也是法国驻博尔迪盖拉的领事，他和他的父亲在小镇边的山地上修建了一座别墅和占地近 80 公顷的大花园。他们的花园中引种了世界各地的新奇花木，如来自东方的银杏、来自南美的大智利棕榈树，以及加那利松、南洋杉、龙舌兰、芦荟、丝兰等植物，当然也有本地就有的植物，如柠檬、橘子、橄榄树等。

1881 年出版的《意大利地理》杂志称"莫雷诺花园不仅是地中海最美丽、最令人愉快的地方，也是欧洲最美丽、最著名的花园之一"。1883 年底，莫奈与好友雷诺阿一起出发到法国南部和意大利北部旅行和创作，或许对这座花园已经有所耳闻。

1884 年初，莫奈再次到意大利旅行时曾在博尔迪盖拉逗留，他对传闻中的这座美丽花园钦慕不已，写信给他在巴黎的画廊经纪人杜兰德·鲁埃尔（Durand-Ruel），询问能否找关系让自己参观这座花园。他在信里说："这里有位莫雷诺先生拥有一个非常美丽的庄园，可如果没有推荐无法进入参观，如果你能让我获得允许进入其中的话，我会非常感激的。"杜兰德似乎找到了正确的介绍人，莫奈最终获得许可进入参观，并在里面创作了好几幅画作。这里的棕榈树那种散漫张开的枝叶曾经让莫奈感到恼火，因为它们蓬松的样子、细碎的枝叶都难以描绘，也容易遮挡后面的景观，可他还是从不同角度创作了好几幅有关这座园林的绘画。

可惜，就在莫奈参观这里之后不到一年，1885 年弗朗西斯科·莫雷诺先生去世了，他的妻子回到法国马赛与女儿团聚。她们把别墅和花园卖给了当地的市政府，这座大花园被分割成几块出售给不同的买主，被开发成私人住宅，目前只有很小一部分是公众可以参观的公园，被命名为"莫奈花园"。

第二节　吉维尼花园：莫奈的日本桥

印象派画家似乎都对自然花木和园林感兴趣。其中，莫奈是最为钟情园艺的一位，甚至可以说，他是古往今来最热衷园艺的画家，他的故居至今还是一座园林式的博物馆。

雷诺阿曾经绘制过一幅莫奈在阿让特伊（Argenteuil）的花园中户外创作的作品，画中莫奈头戴软帽，似乎一边在观察天光下的花木，一边快速地在画布上涂抹，试图抓住夕阳落下前一刻的美妙光影。

1874年夏天，好友马奈从塞纳河对岸的热内维尔（Gennevilliers）来拜访莫奈，马奈摊开画架打算创作一张描绘莫奈一家在花园的作品，莫奈的妻子卡米耶和孩子坐在树下充当模特，而莫奈忙着给花木浇水。

马奈正在花园里创作的时候，恰好33岁的雷诺阿也来到莫奈家拜访，雷诺阿急忙借用莫奈的调色板、画笔和画布在马奈身边也开始描绘这一场景。马奈用眼角看了下雷诺阿的画，然后他趁雷诺阿低头作画的时候对着莫奈做了个鬼脸，还在莫奈耳边轻声说："这家伙他没有天赋！既然你是他的朋友，就该劝说他放弃绘画。"幸好，莫奈并没有听从马奈的话去劝说雷诺阿，雷诺阿后来摸索出了自己的风格，在印象派中独树一帜。

马奈和雷诺阿两人绘制的这两幅画作都保留了下来，马奈描绘了莫奈一家在花园的全景：莫奈正在弯腰修整花木，卡米耶托腮坐在草地上，他们的儿子让则躺在妈妈腿边。马奈在画中还描绘了花园中走过的一只公鸡、一只母鸡和一只小鸡。马奈似乎喜欢稍微复杂的场景，有时候甚至故意挑衅性地在画布上呈现不那么优雅的细节和场景，比如这张画里莫奈的姿态就显得有点突兀，打破了卡米耶母子保持的那种优雅感。

相比之下，雷诺阿的画面就相当集中和简单，也明亮、优雅许多，他仅仅截取了卡米耶和孩子坐在草地上的近景，最引人注目的是卡米耶的白色裙装和手里拿的日本折扇，这是印象派画家们喜欢的异国情调的装饰品。雷诺阿对树木投在草地上的阴影之类的细节仅仅是用深绿色轻轻涂抹了几下，在马奈看来大概就显得草率而失真吧。

莫奈一家在阿让特伊的花园
布面油画，1874年
马奈

莫奈夫人和孩子
布面油画，1874年
雷诺阿

卡米耶和孩子在阿让特伊花园
布面油画，1875 年
莫奈

莫奈在他家花园中绘画（阿让特伊）
布面油画，1875 年
雷诺阿

无论是借住、租住别人家的房舍，还是自己营建的宅邸，莫奈都想方设法营造出一处有花有草的小世界，并持续在绘画中记录自己所见所闻的花园。他拒绝像主流的学院派画家那样描绘神话、历史题材，也不喜欢虚假地集中各种元素生造"田园风光"绘画，而是用自己的眼睛去城乡现场观察，去描绘最平常不过的真实景观。

印象派画家就像当时的巴黎中产阶级一样，在夏天常离开巴黎前往海滨或者山林之间的小镇度假，过一段悠闲静谧的生活。当然，印象派画家们未必有多轻松，因为他们喜欢在户外创作，每次旅行总会带着便携式画架和管状颜料，时常要思考选择什么地点、角度、时间放置自己的画架，容易把休假和工作搅和在一起。

莫奈的第一个花园位于巴黎北部 30 千米处的小城阿让特伊。这是莫奈的好朋友马奈熟悉的地方，因为他的家族在那附近有房子，他告诉莫奈等友人那里有优美的风光、安静的田园生活氛围，从巴黎乘坐火车 22 分钟就可以抵达，适合去居住和创作。1871 年，莫奈曾前往那里游玩和创作，12 月的时候莫奈带着妻子卡米耶、大儿子搬到阿让特伊，租了一个带花园的房子住了下来，他在这里待了七年多，并在这所房子里生下了自己的第二个孩子米歇尔（Michel）。

莫奈多次描绘过这所住宅的花园，如妻子卡米耶在花园中准备午餐、在花丛前缝缝补补的场景都曾出现在他的画笔下。如 1873 年创作的《莫奈家的花园》（阿让特伊）中儿子正在花园中的空地上玩铁环，妻子站在门口注视着孩子，从画中可以辨别出花园中种植了大丽花、葡萄藤等花木，还能看到那里摆放了几个代尔夫特蓝陶花盆。荷兰代尔夫特镇出产的这种陶瓷模仿的是中国青花瓷的白底蓝纹样式，借鉴了中国的染蓝技术和日本彩画画法，属于当时巴黎新派人士喜欢的东方风情用具之一。

这一时期莫奈的笔触变得更加细碎和灵动，色彩也更加明亮，赋予画面更多的生气。印象派画家和之前的画家最大的不同是他们发现自己看到的色彩受到照射在各种物体上的光线的影响，而不仅仅依赖于单个物体本身的固有色彩，他们尝试描绘这种整体的氛围中彼此相关的元素，让画面变得更加"真实"和"生动"。印象派的理念用来呈现花

日本桥和睡莲池
布面油画，1899 年
莫奈

蔷薇拱门
布面油画，1913 年
莫奈

睡莲池中的云彩倒影
布面油画，1920 年
莫奈

木园林可谓"相得益彰",难怪印象派画家们那么喜欢描绘园林。

在阿让特伊时，莫奈还是一个经济上捉襟见肘的穷画家，常常自己充当园丁伺候花木。他喜欢在这个花园中作画，也喜欢在这里和妻儿休闲，在这里招待亲朋好友。

1877年，莫奈一家搬到了巴黎西北约60千米处的小村庄弗特伊（Vétheuil），租住了一个带窄小花园的房子。他在屋子前面种植了一些花草，他创作过一幅描绘这座花园春夏景色的油画，纵向的花园和小路将观众的视线引导到远处，两侧则是茂密的花木和在风中摇摆的向日葵。

几个月后，莫奈的朋友欧内斯特·奥修德因为经商破产，带着妻子爱丽丝和6个孩子搬到他的房子一起居住。两个家庭共有12个成员和几个仆人，实在是太拥挤了，他们两家在附近的拉·罗什·居雍村（Le Roche Guyon）找了一所更大的房子，一起搬到那里居住了。这期间，爱丽丝靠教授钢琴、做针线活获得一些收入，而欧内斯特尝试重新做生意，却未能打开局面，于1878年去了比利时，1891年在那里去世。

此时，莫奈的职业生涯和家庭都面临许多困难，他的作品不好卖，妻子也生病了，因此他画了好多描绘冬季冷寂风景的作品，似乎心情有点忧郁。1879年9月，他的妻子卡米耶因为肺结核病故，这以后爱丽丝开始帮助莫奈带孩子，他们渐渐有了情愫，长期一起生活，到1892年正式结为夫妇。

尽管日子艰难，但花园总是让莫奈感到温暖，他喜欢描绘亲人在花园中散步、玩耍、午餐、休息的样子。1880年，他在一幅作品中描绘了孩子们在花园里的生活场景：最远处正下楼梯的大女孩可能是爱丽丝和欧内斯特的女儿杰曼·奥修德（Germaine Hoschedé），在她前面的两个小家伙是杰曼的弟弟让-皮埃尔·奥修德（Jean-Pierre）和莫奈的小儿子米歇尔。莫奈喜欢在同一位置创作好几幅作品，在数天内观察景色在日光影响下的变化，他有一幅近似视角的作品，但仅描绘了花木而没有画人物。

1883年4月，42岁的莫奈坐火车从窗口张望时发现了美丽的村落吉维尼（Giverny），他在这里租了一座带花园的乡村住所，和爱丽丝带着孩子们搬了过去。在这里，莫奈有了自己的画室、果园和小花园，这里成了他最后的家，最后的花园，他在这里生活了43年。他的住所、工作室都在一栋长条形的房子里，外墙是粉红色，屋外窗子和楼梯都是莫奈喜爱的绿色，房内的墙壁上挂满了他收集的231幅日本浮世绘作品。

1890年后，莫奈成了最受欢迎的艺术家之一，卖画的收入越来越丰厚，他便出资买下这套房产，后来陆续购买了周围的土地，为自己设计修建了一座更大的花园，一度雇了7位园丁打理这里。

莫奈让园丁种植了许多花草，诸如天竺葵、虎耳草、鸢尾、百合、虞美人等，在池塘周围他有意模仿东方园林的布置，修建了一座类似日本浮世绘中的桥梁"日本桥"横跨池塘，桥上垂着紫藤，相接的池边种着竹子、柳树。池塘中布置了法国早就有的白色睡莲以及从南美洲、埃及引进的黄睡莲、蓝睡莲，这些花木和景观经常出现在莫奈晚期作品中。

这一时期，莫奈开始执着于绘制组画，通常会就同一题材绘画好几幅作品。他在自家花园中日夕游观，描绘春、夏、秋、冬不同季节，早、中、晚不同时光下的水池、花木、云天。即便晚年时眼睛患了严重的白内障，他还是努力描绘那些睡莲、柳树，要把自己对这一切的印象保存在画布上。

1926年，莫奈在逝世前把吉维尼庄园、自己的100多幅油画以及收藏的其他画家的作品全部留给了次子米歇尔。米歇尔故去后，法国政府把他拥有的莫奈作品连同吉维尼庄园移交给政府管辖的巴黎马蒙丹博物馆，博物馆把吉维尼庄园开辟成了一座故居博物馆。

第三节　对面的花园：凡·高和克利姆特之旅

除了莫雷诺这样的富商，当时许多欧洲中产阶级家庭也热衷于打理自己的小花园，许多画家都曾描绘过自己或者亲朋好友的花园。其中最让人感慨的或许是凡·高(Vincent Willem van Gogh)。

凡·高对自然花木有浓厚的兴趣，可惜他个性孤僻、不善经营，在世的时候只卖出一张画，没有钱财购置属于自己的房产和花园，所以他笔下描绘的常常是公园。他描绘过巴黎圣皮埃尔广场的公园、阿尔勒的公园，也曾在精神病发作入住阿尔勒医院、圣雷米的圣保罗疗养院时描绘两家医院的中庭花园。

在生命的最后几个月，凡·高曾到奥维尔（Auvers）接受加歇医生（Paul Gachet）的顺势疗法治疗，他在给弟弟的信中描述："加歇医生的房子在村庄主要街道边的山坡上，有一个带花的梯田花园俯视着瓦兹山谷，房子和花园里总是充满了流浪猫、母鸡，有一只衣衫褴褛、没有羽毛的公鸡。在花园里，他（加歇医生）在一张涂成鲜橙色的桌子上工作"，这张桌子后来出现在凡·高绘制的加歇医生肖像中。

凡·高有一张画描绘了医生 21 岁的女儿玛格丽特，她穿着白色裙子，站在白玫瑰、柠檬、万寿菊中间。凡·高为了创作这幅作品还曾提前一天在花园中观察玛格丽特在花园中摆的造型，可能是这两次会面引起了加歇医生的担心，他不愿意女儿和这位又穷又癫的画家接触，要求凡·高不要和玛格丽特再见面，这让凡·高再次受到心理打击。

约一个月后，凡·高外出去奥维尔郊外的田地里画画，不知道是有

达比尼故居花园
布面油画，1890 年
凡·高

意自杀还是不幸被顽劣少年恶意枪击，一颗手枪子弹射入了他的脊柱附近，他忍着剧痛走回暂住的旅馆，让人去叫加歇医生来给自己治疗，两天后就亡故了。

在 20 世纪中后期，生前不得志的凡·高成了举世皆知的文化巨人，加歇医生也幸运地进入了文化史中，当地政府在 2004 年把加歇医生的住所、花园开辟成了博物馆向公众开放。

凡·高在奥维尔时还曾满怀热情地去拜访自己仰慕的风景画家达比尼（Charles-François Daubigny）的故居，征得达比尼遗孀的同意后，在她家的花园里现场绘制了 3 幅草稿性质的写生作品，其中一幅近景视角的作品描绘了花园一角的花木，另两幅全景视角的作品描绘了花园以及房屋的侧面。

从巴塞尔美术馆中收藏的一张全景画上可以看出，这座花园里摆放着桌椅，一位穿黑衣服的女子正在走动，还有一只黑猫在草地上跑，透露出家庭花园的温馨气氛。花园中前景是绿色和粉红色的草地，中间是盛开的玫瑰花丛，周围环绕着稀疏的黄绿相间的椴树，最后面正中是粉色的墙壁及蓝色瓷砖屋顶。

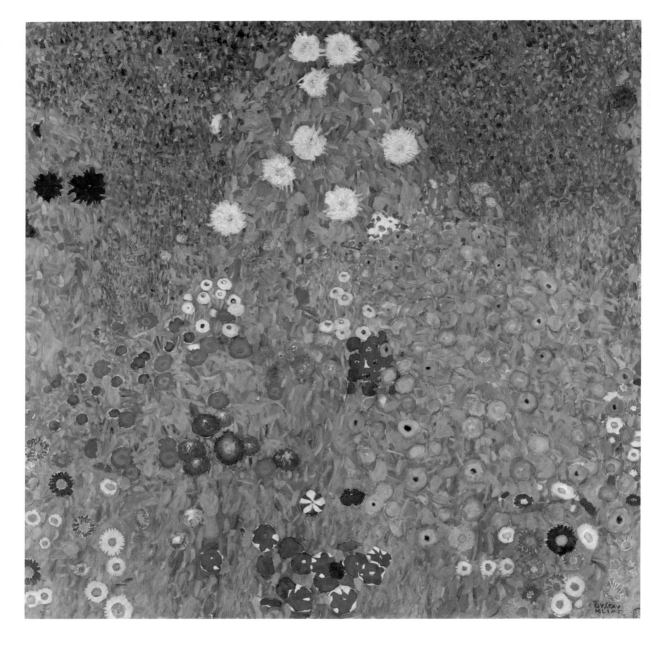

花园

布面油画，1907 年

克利姆特

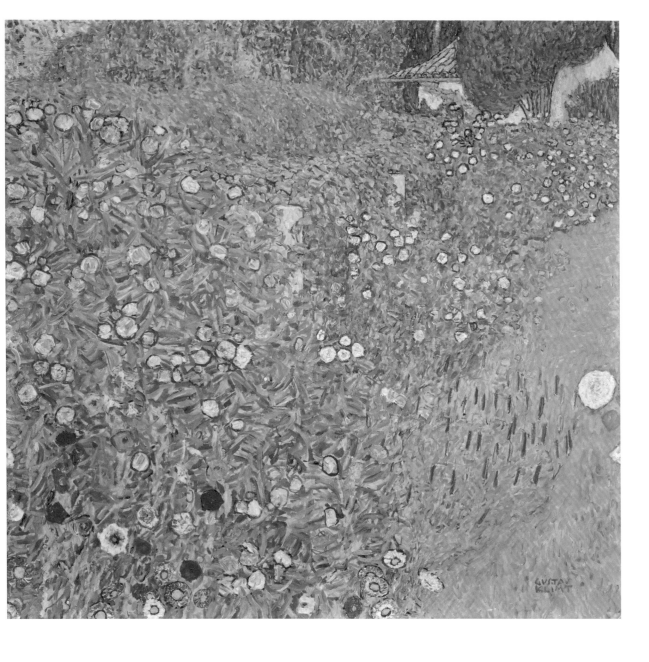

意大利花园
布面油画，1913 年
克利姆特

相比凡·高，维也纳分离派画家克利姆特是另一类人，他的绘画技巧无可挑剔，并且生前就获得了巨大成功，始终过着优裕的生活。

克利姆特每年夏季为了躲避大城市的喧嚣和炎热都要去气候温和的湖区度假。从1900年开始，他几乎每年都去位于上奥地利州的阿特湖（Attersee）边的乡村别墅避暑，在那里创作了许多描绘附近的农舍、卡米尔宫、利茨贝格岛的作品，这些地方的花木也因为他的描绘变成了博物馆中珍藏的永恒风景。

1907年，克利姆特创作了两幅《花草农园》（*Bauerngarten*），一幅描绘了草甸中美丽的虞美人、雏菊、百日草和玫瑰花，另一幅则突出了花草丛中的向日葵。正如当时的维也纳评论家约瑟夫·奥古斯特·卢克斯（Josef August Lux）所言："自克利姆特画过以后花草园变得更加美丽：这位艺术家给予我们一个视角去审视它们的色彩的绚丽多彩，如果没有艺术我们就无法凝固大自然那惊人的美丽，因为它总是不断改换自己的外表。"

克利姆特熟悉印象派和点彩派画家的技巧和风格，但是他显然和凡·高一样不希望仅仅描述一种眼中的现实景观，而是希望用带有个人风格的图案、色彩和构图创作传达更触动人的氛围和情绪。克利姆特的画从视觉上来看给人从半空中俯视花园的感觉，乍看许多画面的构图是简单的三角形或对称结构，可是细看每个部分都进行了极致繁复和精美的描绘，让人们好像走进了色彩绚丽的"万花筒"，有点目不暇接。

20世纪中期，克利姆特与世无争的优雅作品一度遭到重视艺术的社会效应的批评家的冷落，但是这些能给人视觉上巨大愉悦的作品仍然受到社会公众的喜爱。20世纪末，他重新成了最受关注的艺术家之一，2017年3月在伦敦苏富比举办的拍卖会上，他的一幅《花草农园》以4800万英镑（约4亿元人民币）的高价成交。

第四节　万湖别墅：利伯曼的悲歌

柏林西郊的万湖地区（Wannsee）有一大一小两个湖，风光优美，因此 19 世纪末时许多柏林的富人都喜欢在这里修建别墅居住。20 世纪初的著名画家马克斯·利伯曼也在这里有一座别墅，如今它被改为对外开放的博物馆，在这里可以欣赏画家的作品、花园的美景和湖区的清波。可这些美好的事物并不能让人忘怀利伯曼一家在德国纳粹时期遭遇的磨难，他的每一幅风景画似乎都因此沾染上了一丝悲戚的味道。

利伯曼出身犹太商人家庭，像那个时代的许多中产阶级家庭一样，父母安排他去大学攻读法律，但是他对绘画产生了浓厚的兴趣，转而专攻艺术，在 19 世纪末 20 世纪初成为柏林最著名的肖像画家，曾给当时的名人如陆军元帅兴登堡、科学家爱因斯坦等人画过肖像。从 1920 年起，他长期担任普鲁士艺术学院院长，堪称当时德国画坛的领袖。

同时，利伯曼也是 19 世纪末至 20 世纪德国最主要的印象派画家，是倾向表现主义风格的柏林分离派画家的首领，他喜欢描绘中产阶级的城市生活场景，许多作品都呈现人们在街道、公园、花园的休闲生活，这类作品的风格更加自由、轻松，比他的肖像画更受后世批评家的重视。

利伯曼很早就渴望有自己的私人花园，19 世纪末他在汉堡参观一户农民的花园时对那里笔直的道路、简约的花坛和切割整齐的篱笆非常感兴趣，说自己将来要修建房子的话也要这样的花园。

1909 年，利伯曼在"万湖"购买了一处占地 6730 平方米的狭长地块，他委托建筑师鲍姆加滕（Paul Otto Baumgarten）设计修建别墅，并亲自参与了花园的设计。这座别墅拥有前花园和通向湖区的湖边花园，前花园大致分为花木园和菜地，以常见的椴树作为隔离绿篱；湖边花园则是大片开放的草坪，站在别墅的大露台上可以俯瞰花园和湖面，花园中布置了低矮的花坛和喷泉，花园右侧还有一条白桦林遮阴的小路。

利伯曼在中央花坛种植了红色的天竺葵，其他地方则栽种了大丽花、蜀葵等颜色鲜艳的花卉，它们的形象常常出现在他的画作里。从 1910 年 7 月起，每年夏季他几乎都待在这里，他经常描绘自己家的花园以及附近的园林景色，创作了 200 多幅相关的油画、蜡笔画和素描。

利伯曼用强有力的、厚厚的笔触涂抹油彩，让它们快速流动在画布上，所以他画中的草地、花木、天空都像在流动，表现出浓厚的表现主义乃至抽象风格。

但是利伯曼的晚年正值纳粹在德国崛起，反犹太的社会氛围迫使他不得不在1933年辞去艺术学院院长的职位。当1935年他故去时，报纸上根本没有提及这位柏林荣誉市民、当代名人的消息。这时候，纳粹已经开始掌握大权，所有的犹太人都感到惴惴不安，不清楚自己即将面临怎样的颠沛流离。

住在这座别墅里的利伯曼遗孀玛莎(Martha Liebermann)成了纳粹分子迫害的对象。在纳粹的逼迫下，玛莎不得不于1940年把别墅廉价卖给国家邮政局。1943年3月初，85岁的玛莎在柏林市区的寓所接到通知，她将要被押往集中营，于是她在警察到来之前几小时自杀身亡。

纳粹分子把万湖边的利伯曼别墅当作邮政局的培训基地使用，二战末期还曾充当军事医院。1945年二战结束后，万湖市立医院在这里开设了外科诊所，利伯曼的工作室则被当作手术室。1951年，别墅所有权被归还给住在美国的利伯曼女儿凯西手中。1958年凯西的女儿把别墅卖给了柏林州政府，后者曾把这里出租给一家潜水俱乐部当办公室。

21世纪初，在政府的支持下，非营利机构马克斯·利伯曼协会利用私人资金修复这座别墅和花园，努力恢复了它在20世纪初的样子，并于2006年作为故居博物馆对外开放，用于展示这位画家的生平故事和相关作品。

这座别墅的经历展示了20世纪德国社会最不堪回首的一段历史，貌似平静美好的美丽花园和日常生活常常受到极端力量的威胁，它们是如此的脆弱，需要小心呵护才有可能延续。

万湖别墅花园的花木拱门
布面油画，1920 – 1921年
马克斯·利伯曼

从厨房花园到乡间别墅入口处的东部

布面油画，1919 年

马克斯·利伯曼

第十二章　国家公园

18世纪以后，近代国家不断扩充立法、执法、行政体系，竭力控制社会生活的各个方面，也成为各种自然资源和文物古迹的终极保护人，各级政府在城市、城郊建立了众多公园。国家甚至开始把延绵千百里的山岭、河流、森林都划入监护的范围。如1776年，加勒比地区多巴哥岛的英国殖民者通过法案保护当地的大山脊热带雨林，这是世界上最早受到立法保护的森林保护区。法兰西第二帝国皇帝拿破仑三世的政府也曾在1861年下令保护枫丹白露森林。

美国联邦政府在1872年建立了黄石公园，这是美国第一个国家公园。此后，美国联邦政府把原来州所属的许多土地划为联邦政府管理的国家公园，开创了一种全新的环境保护制度，另一方面，这也是美国联邦政府扩张权力的举动，他们实际上剥夺了很多原本属于州的管理权限。

随后，澳大利亚、加拿大、阿根廷、瑞士等地纷纷模仿，在自己的国家设立各种国家公园。目前，世界上最大的国家公园是1974年丹麦设立的东北格陵兰国家公园，保护面积达972001平方千米。

第一节　黄石公园：西部的山水和神话

早在19世纪30年代，美国边塞风景画家乔治·卡特林（George Catlin）就提出国家应该立法保护美国西部印第安部落居住的区域，他认为那里有着独特和新奇的自然和人文景观，堪称"神奇的公园""民族的公园"。这也是当时一些文化人、议员的共同想法，1832年安德鲁·杰克逊总统签署了一项法案保护阿肯色州温泉城的地热资源和风

黄石大峡谷
布面油画，1872年
托马斯·莫兰

景,林肯总统也曾签署法案责成加利福尼亚州管理优胜美地谷和蝴蝶巨杉树林,不得将这些土地出售给私人。

黄石国家公园横跨怀俄明州、蒙大拿州和爱达荷州3个州,面积达8983平方千米,包括众多湖泊、峡谷、河流和山峰。火山喷发形成的尘土和熔岩覆盖了黄石的大部分地方。这里有众多地热景观,生活着灰熊、狼、野牛和麋鹿等野生动物,拥有美国规模最大的野牛群。

印第安人在黄石地区生活了至少11000年,他们早就熟悉这里的地热资源和自然万物。18世纪末期,法国的探险家将流经这里的河流命名为"黄石河",这可能是对印第安人叫法的翻译。那时候只有极少数猎人会前往黄石狩猎,他们回来后曾提到那里有沸腾的泥浆和冒出热气的河流,但是外界觉得这只是夸张的传说而已。

19世纪才有了对黄石的详细考察,1805年刘易斯和克拉克率领的探险队进入黄石附近考察,1806年探险队的成员约翰·科尔特跟随一群追求毛皮的捕猎者进入黄石地区,1807年的冬天他看到了那里的地热景观,记录说那是个有"火和硫黄"的地方,后来还有几支考察队深入黄石区域进行科学考察。

1870年到过黄石的探险家海德格斯(Cornelius Hedges)在报纸上建议将该地区作为国家公园保护。1871年,地质学家费迪南德·海登(Ferdinand V. Hayden)在政府的赞助下深入该地区进行了考察,他的探险队成员包括摄影师威廉·亨利·杰克逊(William Henry Jackson)和画家托马斯·莫兰(Thomas Moran),后者沿途创作了30多张水彩画,这些文字、照片和绘画作品让人们可以直观地体验这个区域的美丽风景。

海登等人用调查报告、照片和水彩画说服国会议员不要拍卖这个地方的产权,而是设立国家公园管理这里,最终国会议员通过了一项法案,1872年3月1日经格兰特总统签署后实行,黄石地区成了美国第一个国家公园。

最初黄石国家公园归内政部管辖,开始并没有提供资金和设立专职人员进行有效管理,经常有人去那里偷猎野生动物。19世纪80年代初,北太平洋铁路修到了公园的北入口附近,方便了游客的到达,此

黄石大峡谷
布面油画,1901年
托马斯·莫兰

黄石上喷泉盆地的城堡间歇泉
水彩画彩色印刷,1874年
托马斯·莫兰

后来这里的游客数量从数百人增加到数千人。当时人们从火车上下来，会换乘马车或者骑着马进入山区参观。后来因为有游客和在这里游牧的印度安部落发生冲突，美国陆军在 1886 年进入这里，设立营地维持秩序，所以 1886 年至 1916 年间主要是军队在管理这片区域。

1903 年，著名的自然主义作家约翰·缪尔在陪同时任美国总统罗斯福游览优胜美地的途中，建议总统扩大"国家公园"的规模，利用联邦政府的资源保护自然环境。在缪尔等人的宣传推动下，1905 年，美国国会通过议案将优胜美地设为国家公园，开始考虑在全美范围内建立国家公园管理体系，1916 年正式设立了国家公园管理局，联邦政府开始出钱、雇人管理更多国家公园。

在 19 世纪走向西部探险、考察、旅行的热潮中，艺术家们纷纷前来描绘西部壮美的风景。黄石的风光让艺术家们感到震撼、新奇，托马斯·莫兰因为描绘黄石国家公园景观的作品出名后，接连创作了众多描绘西部风光的水彩画、油画,一度还将自己在画上的签名改为"托马斯·黄石·莫兰"的缩写形式"T-Y-M"。1884 年摄影师海恩斯(Frank J. Haynes)在黄石公园内开设了摄影店服务游客,他拍摄了众多黄石的风景照片并印刷在明信片上,让黄石的影像传播到了美国各地。

19 世纪晚期美国涌现出许多描绘西部壮观山水的画家,其中阿尔伯特·比尔施塔特(Albert Bierstadt)、托马斯·希尔(Thomas Hill)最为著名。

比尔施塔特是美国西部风景最伟大的呈现者之一。他在 1 岁的时候跟随父母移民到马萨诸塞州的新贝德福德,先后在纽约和德国杜塞尔多夫学习绘画,1857 年回到新贝德福德后以绘画为职业。最开始他主要描绘新英格兰和纽约州北部的哈德逊河流域的风景,1859 年,他加入一支测量队到西部的落基山等地进行测绘工作,从此喜欢上了描绘西部壮丽的景观。他经常以自己弟弟拍摄的照片为参照绘制作品,对美国西部黄石、优胜美地、落基山等地的大山大水给予史诗性的壮观呈现。

比尔施塔特的作品虽然具有某种浪漫主义氛围,可他选择的视角相当独特,画家就好像测量员一样站在开阔处远眺对面的山水。与当时法国兴起的印象派根据自然光线来描绘场景不同,他的绘画中几乎都有着均匀的光线,即便是远处的山水轮廓也显得异常清晰。有时候他的画面中还直接画出测量队的马车、马群和成员,象征着当时的人正以文化和科技实力为后盾对自然进行征服。

当时正是史诗山水画在美国流行的时期,比尔施塔特尺幅巨大的西部风景画在纽约大受欢迎,不仅画作可以卖出高价,举办展览时出售参观门票也能获得不错的收入,这让他成了那个时代纽约收入最高的艺术家之一,在艺术圈以出手阔绰而闻名。

第二节 画家之路：浪漫主义对风景的"发明"

画家卡斯帕·大卫·弗里德里希（Caspar David Friedrich）曾和朋友多次前往德累斯顿（Dresden）东南的山区游览，留下了关于这片山林的最为壮观和优美的记录。他们的参观路线后来被人们称为"画家之路"（Malerweg）。

在 1801 年和 1822 年前后，他分别绘制了几张有关这里的画作。其中最著名的作品《雾海中的徒步旅行者》描绘了在棱堡（Bastei）附近的风光，画中一位手拿拐杖的绅士正俯瞰着云海中奇特的砂岩山体，缭绕的云雾包围了这里的山岭，让这位启蒙时代的远眺者陷入了无尽的沉思，他的背影让人们可以有无限的遐思，对有的人来说体现了征服自然的满足感，也有人觉得表现了人类对未知世界的敬畏乃至迷惑。

而弗里德里希的朋友、另一位画家卡尔·古斯塔夫·卡鲁斯（Carl Gustav Carus）感受到的是类似"天人合一"的体验，他曾经描述说：那时我们站在山之巅，凝视着层叠无尽的山脉，看着溪流疾涌而过，所有的壮丽在眼前展开，这时候是什么感觉将你抓牢？那是存在于你身体里的一种静默关注。你在无垠的空间中失去了你自己，你的全部身心在经历一场无声的净化和澄清，你的自我已消失不见，你是"无"……[1]

"画家之路"位于德累斯顿（Dresden）东南的山区，这里有 1 亿年前形成的白垩纪砂岩岩石景观，深凹的峡谷和周围广阔静谧的原野，树木繁茂的谷地和光秃秃的怪异峭壁形成了显著的对比，吸引了画家们的目光。

最初这里让人感兴趣的是绿草如茵的山地景观。18 世纪上半叶的画家约翰·亚历山大·蒂勒（Johann Alexander Thiele）、贝尔纳多·贝洛托（Bernardo Bellotto）就曾描绘过这里的山地风光。之后，在德累斯顿美术学院任教的瑞士画家阿德里安·齐格（Adrian Zingg）、安东·格拉夫（Anton Graff）觉得这里的山地类似家乡瑞士一样，于是这里就有了"撒克逊瑞士"的美称。上述画家都以描绘人像为主，对这里

雾海中的徒步旅行者
布面油画，约 1817 年
卡斯帕·大卫·弗里德里希

---

1 [英] 马尔科姆·安德鲁斯：《风景与西方艺术》（张翔 译），上海：世纪出版集团／上海人民出版社，2014 年，第 176 页。

眺望易北河谷
布面油画，1807 年
卡斯帕·大卫·弗里德里希

左：易北河砂岩山脉的岩石山
布面油画，约 1822 – 1833 年
卡斯帕·大卫·弗里德里希

的山山水水并没有给予重点呈现，也没有深入到山岭最深处。

到了 18 世纪末 19 世纪初，首次有人在出版物中记载了"棱堡"让人惊奇的风景。之后，卡斯帕·大卫·弗里德里希、卡尔·古斯塔夫·卡鲁斯、约翰·克里斯蒂安·达尔（Johann Christian Clausen Dahl）、路德维希·里希特（Ludwig Richter）等德国浪漫主义艺术家闻讯而来，他们描绘这里幽深的峡谷、嶙峋的白垩砂岩，尤其是易北河耸立的几座锯齿状石峰构成的景点"棱堡"，那里有各种孤立的柱状、棒状或宝塔状的山峰。

完成这段 112 千米的山区旅行需要一周左右的时间，这些画家通常是从皮尔纳—利贝塔尔（Pirna-Liebethal）出发，沿着易北河右侧穿过山顶前往捷克边境，然后朝河对岸的皮尔纳（Pirna）方向返回，途

Vue intérieure des rochers nommés la Bastey dans la Suisse Saxonne.

中经过棱堡。对那些相信自然和人心可以互相感应的浪漫主义画家来说,这些能让人感到"壮美""崇高"的山岩、云海是最好不过的题材,足以激发观者的移情心理。

在 19 世纪末的旅行热中,这一区域迅速成了旅游热点,音乐家卡尔·韦伯(Carl-Maria von Weber)、瓦格纳(Richard Wagner)、小说家玛丽·雪莱(Mary Shelley)、安徒生以及英国风景画家特纳(William Turner)都慕名前来游赏。为了让人们可以更容易抵达"棱堡",当地在 1814 年铺设了 487 级石头台阶,1824 年时有人在几座山峰间修建了观景的木桥连接几块岩石,1851 年又修建了长 76.5 米的七拱石桥跨越山沟。为了发展旅游业,一度有人还计划铺设一条山区铁路从易北河谷直通棱堡下面的山脚,最终未能实行。

1990 年,德国联邦政府把这里 93.5 平方千米的土地设为"萨克森小瑞士国家公园"(Nationalpark Sauml chsische Schweiz),是德国最受欢迎的自然景点之一,园内有几十条旅游线路可供人们选择。除了山峰、瀑布等自然景观和动植物,这里的平顶山(Tafelberg)上还有一座 13 世纪始建的国王岩堡要塞,是欧洲最高的要塞,站在要塞的城墙边能眺望远处的德累斯顿城、埃尔茨山脉和易北河谷的景色。

近代各国政府多是从环境保护、科学研究、教育等宏观的公共利益角度出发划定设立各种国家公园、保护区,而浪漫主义画家对风景的关注恰恰在于这些风景和个人的互动。这些壮观、幽深的山水让艺术家体验到了崇高、美丽或者幽深神秘,产生了视觉上、感情上的直接共振,刺激他们创作出了有关的艺术作品,这些作品又激发了后来者前去那里欣赏、探索、思考。

类似的,18 世纪、19 世纪时,英国的浪漫主义诗人、艺术家、旅行家也以自己的诗文、绘画"发现"了苏格兰高地、英格兰湖区的自然景观和古代废墟,艺术家们纷纷去描绘那些"如画"的风景,诗人华兹华斯还曾呼吁英国政府以国家的名义保护英格兰湖区的风光。这些文艺思潮对当时英国风景园林的设计理念也产生了重要的影响。

国王岩堡要塞
布面油画，1756 – 1758 年
贝尔纳多·贝洛托

第十三章　东方寺观园林

在中国、日本、韩国、泰国、缅甸、印度等东方国家，佛教、道教、印度教等宗教庙宇常常扮演公共园林、集市的角色，它们除了供人祭拜，也常常是游赏、社交、购物的公共场所。

在古代中国，地方政府、民间士绅在名山大川、城郭内外修建的带有公益性质的楼阁、书院等建筑中常附带庭院，栽种各种花木，有些还对公众开放可供游览，它们可以说是古代特殊的公共空间，比如著名的黄鹤楼、岳阳楼、岳麓书院等都是如此。

第一节　寺观楼阁：在城郭，在深山

长桥卧波图
绢本设色，南宋
佚名画家

自作新词韵最娇，小红低唱我吹箫。

曲终过尽松凌渡，回首烟波十四桥。

南宋文人姜夔写的《过垂虹》一诗颇为契合《长桥卧波图》这幅扇面画的情调。《长桥卧波图》中间有一座朱红木桥横卧江面，左侧桥头有一座寺庙，墙内露出高塔和树木。有人考证这幅画描绘的是吴江上的垂虹桥，桥中央的是垂虹亭，左侧寺庙是华严寺，内有北宋元祐四年（1089年）本地富豪姚得瑄捐建的七级方塔。宋元时这座桥是苏杭驿道的重要渡口，许多文人墨客都曾途经和游览，品尝从江中捕获的美味"白鱼"。

这幅画虽然尺幅很小，但是却显得不同寻常。宋代绘画注重对现实的动物、植物乃至风景的观察和描绘，画家在这里描绘的是实际存在

的桥、寺，基本的位置关系也符合实际。对江南文人、画家来说，江南主要城镇周边的山水、寺观是他们熟悉的地方，他们也常常和朋友前去游览，在诗文、绘画中提及这类江南景观。

唐代以来，文人为了科举、当官常常需要奔波各地，位于交通要道的黄鹤楼、岳阳楼也就频繁出现在文人的诗文中。在绘画史中，宋代开始流行这类描绘寺庙、楼阁的风景画，这和当时文人游览文化的发达有关，他们常常呼朋唤友游览途经的名胜古迹。尤其是苏轼这样的著名文人士大夫，每到一个地方常会有官员、文人主动提供方便乃至充当导游。

黄楼图
绢本水墨，元代，1350 年
夏永

苏轼也曾创建过一座公共建筑。北宋熙宁十年（1077 年）七月时黄河在澶州决口，洪水波及徐州，担任徐州知州的苏轼带领士卒抢筑大堤，坚守了 45 个昼夜洪水才退去。第二年苏轼带人整修堤岸、加固城墙，在东门城墙上修建了一座"黄楼"纪念此事。按五行之说，黄色的"土"可以"克水"，所以这座楼的墙壁以黄土涂色，成了当地的一大景观。苏轼的弟弟苏辙写了一首《黄楼赋》记述此事，苏轼亲笔书写此赋，请人镌刻在方柱形石碑上，立在黄楼中。

　　此后苏轼在诗文中屡次提及这座黄楼，到南宋时黄楼成了徐州著名的景点，许多途经徐州的诗人都特地前来游览。可惜后来徐州古城毁于战争和洪水，黄楼也消失在了历史的风烟中。

　　宋末元初的画家夏永擅长绘制宫殿楼阁，他曾经画过一幅《黄楼图》。有评论家认为这幅画可能与元至正四年（1344 年）的黄河大洪水有关，夏永创作此画意在怀念苏轼这样的前代贤人，传达对时政的隐约担忧。但是就画面结构而言，这幅画与他其他的画作《滕王阁图》《岳阳楼图》等非常类似，都是描绘一座巍峨的楼阁，再用简约的笔调绘制骑着仙鹤而去的仙人、湖中悠然的小船等，中间是著名文人创作的有关各个楼宇的著名文章。这一系列作品可能都缺乏写实的成分，更像是为文人收藏家创作的"旅游名胜纪念册页"，有着相当程式化的主题和构图。

　　除了这类楼阁、桥梁等公共景点，在古代，佛教、道教的寺观常常以园林著称。早在南北朝时高官王褒就曾经描述过南京郊外钟山定林寺的桂花树：

　　　　岁余凋晚叶，年至长新围。
　　　　月轮三五映，乌生八九飞。

　　自那时候起，到寺观拜佛、赏景就成为文人游赏文化的一部分，这自然让僧人、道士也开始重视寺观的园林布置。从定林寺、东林寺、大林寺、凤林寺、竹林寺等古代寺庙的名字就可以看出，无论是在城郭，在深山，中国的寺庙内外总是有树木相伴。

　　随着文化潮流的演变，中唐以后僧人越来越讲究对园林的布置。中唐时湖州僧人灵澈上人在城南何山寺竹林间布置了象征"竹林七贤"的7块赏石，另一诗僧皎然曾写诗形容：

> 七石配七贤，隐僧山上移。
> 石性殊磊落，君子又高奇。
> 跂禅服宜坏，坐客冠可攲。
> 夜倚月树影，昼倾风竹枝。
> 集质患追琢，表顽用磷缁。
> 佚火玉亦害，块然长在兹。

唐代佛教、道教兴盛，寺观在佛殿建筑周边常常点缀树木、花卉、山石，尤其是长安、洛阳两座城市的一些寺观更是以竹木花卉著称，每当花卉开放时，大批士子雅士乃至皇帝都会前去观赏。如长安东大慈恩寺"南临黄渠，水竹森邃，为京都之最"，那里的牡丹花、杏花都曾出现在诗人的笔下。

刘禹锡曾在《元和十年自朗州至京戏赠看花诸君子》中提到长安玄都观的桃花开时全城人去围观的热闹：

> 紫陌红尘拂面来，无人不道看花回。
> 玄都观里桃千树，尽是刘郎去后栽。

刘禹锡的好友白居易喜好山水园林，他在许多诗歌中都提及自己到寺观赏花的经历，如游览庐山大林寺时发现"人间四月芳菲尽，山寺桃花始盛开"，在杭州灵隐寺赏红辛夷花之后还不忘戏弄和尚：

> 紫粉笔含尖火焰，红胭脂染小莲花。
> 芳情乡思知多少，恼得山僧悔出家。

在历史上，位于主要城镇之内或其近郊的寺观往往可以获得较大的发展，这样可以距离人口密集的城区较近，便于高官显贵和众多民众前来参拜和布施。可是当面临战乱或者朝廷发动政治迫害时，这些寺观往往也容易遭到毁坏,反倒是那些位于深山老林的寺观可以偏安一隅。

在中国艺术史中,深山古寺至少从宋代以来就是常见的绘画题材之一,画家们常常突出山岭的高峻、寺庙的幽深,以此标榜作者或者收藏者安于隐逸的高洁心志。宋代绘画一度比较写实,范宽创作的《雪山萧寺图》描绘皑皑白雪覆盖下的群山深谷,左上角有一座山林掩映的古刹,右下角拿着手杖的旅人正在冒着寒冷赶路,旅人和古寺之间似乎相隔遥远,旅人或许并不知道山顶还有那样一座寺庙。幸亏有一条溪水伴随着道路,旅人知道这是有人迹的标志,沿着这条路大概可以找到休息的地方吧。

宋代以后,绝大多数画家都不再描绘实际的景色,他们掌握了描绘山林的技法之后,常常仿古、临古或者将各种山林元素组合成特定主题的作品,其中的"深山""古寺"仅仅是"绘画元素"或者"典故"而已。也有一些画家虽然喜欢到山林中游玩和观察山形和花木,可是他们并不描绘这些眼前的景色,而是将一些观察和记忆的片段组合到经典的构图、元素中,整体上他们的绘画都是出于某种文化观念进行的"主题创作",并非现实经历的真山真水。可能只有明清时代的一些园林、记游绘画属于例外,有更多的写实成分。

到了清代,可能受到传教士带来的欧洲园林版画的影响,康熙、乾隆两位皇帝也喜欢让画家描绘皇家园林的景观,南巡时也带着宫廷画家记录他们沿途所见的景观,如乾隆时期的《南巡盛典》记载了杭州、扬州、苏州等著名城镇的园林、寺观,其中包括扬州瘦西湖中的莲性寺。

莲性寺原名法海寺,创建于隋代,最初寺庙中修建了一座木结构楼阁式栖灵塔,唐代许多文人曾经登临此塔游赏,唐敬宗宝历元年(825年),白居易和刘禹锡共游扬州时曾同登这座栖灵塔。可惜唐武宗会昌三年(843年)这座塔被焚毁,宋代重建过一次,之后不幸倒塌。

康熙四十四年(1705年),康熙皇帝南巡时曾来这里游览,他看到这里的水池中生长着莲花,就赐名"莲性寺"。乾隆皇帝登基以后,常常模仿自己的爷爷康熙皇帝行事,他也数次前往江南巡游。他第一次南巡时就对沿途的园林格外注意,常去游赏和题词,这大大刺激了大运河两岸官僚和富商对园林的热情,纷纷翻修或重建本地的知名园林。

范中立，别号宽，陕西峰原人，上以兹画特赐内阁大学士商业宋公玄平先生画之博大。奇奥气骨玄邈，用荆关董巨运之一机而灵韵遒尤。佗如薄浅单陋小者致磨营邦小国本非为古今第一坛盟长公以第一流人锡天下第一画懋昭道德勋业对扬博大亦休命其可知已

雪山萧寺图
绢本设色，宋代
范宽

右：秋山萧寺
绢本设色，清代
董邦达

为了取悦乾隆皇帝，住在扬州的两淮盐商首领江春集资，在栖灵塔的旧塔基上修建了一座仿北京北海琼华岛白塔的缩小版白塔。这种白塔源于尼泊尔以及西藏地区的佛教寺庙，元代忽必烈统治时，尼泊尔工匠阿尼哥到大都（北京）修建了一座这种形式的佛塔，即今妙应寺白塔，高 50.9 米，是当时大都高度仅次于天宁寺塔的显眼建筑，砖石垒砌之后外敷白垩，格外引人注目。到清代，顺治皇帝时也曾在北海琼华岛上修建一座白塔。

莲性寺的白塔为了和寺庙内的其他建筑、风景协调，降低了塔的高度，外形轮廓也更加纤细秀美。这种佛教建筑常常充满了各种象征性的数字和雕刻，如基座中央是砖雕须弥座，每面各有 3 个小龛，砖雕十二生肖像，中层为龛室，形如古瓶，南面供白衣大士像，上层为圆锥形塔刹，顶上六角形宝盖，角悬风铃，上托铜质葫芦塔顶。

扬州莲性寺（《南巡盛典》局部）
纸本设色，清代
佚名画家

第二节　京都：真山水，枯山水

京都名所之清水寺
浮世绘木刻印刷
19世纪日本江户时代
歌川广重

　　清水寺位于京都东部音羽山半山腰，始建于778年，当时有一位在奈良修行的苦行僧贤心梦到白衣神灵告诉他应该到北部的山岭求取"清泉"，他一路寻找，终于在音羽山中见到奔涌的清泉，于是就在半山泉水边修建了一座小庙供奉观音。两年后，著名的征夷大将军坂上田村麻吕到这里来狩猎，遇到了僧人贤心。在贤心的规劝下，坂上田村麻吕皈依了佛教，并于798年出资修建了新的佛殿，用于供奉十一面千手观音像。

　　810年，恒武天皇赐予此寺"北观音寺"之名和"清水寺"的牌匾，此后民间俗称清水寺。寺中顺着奥院的石阶而下便是著名的音羽瀑布，许多人相信喝了这里的泉水可以防灾避祸，每年新年前后都有人专程前来参拜和取水饮用。

　　清水寺曾经多次焚毁、重建，现今的清水寺是1633年幕府将军德

春夜中的清水寺
浮世绘木刻印刷，1924 年
三木翠山

川家光捐资重修的，占地 13 万平方米。在大殿前有一座 139 根立柱支撑的硕大平台，又称"清水舞台"，是寺中瞭望京都城的绝佳地方，许多浮世绘都曾描绘过这里。

清水寺的建筑比较有特色，但寺内的园林并不出众，只有延命院的小池、叠石、树木、石塔几种元素比较可观，类似中国江南园林的局部，可惜稍稍有些局促。这座寺庙最引人注目的是它和音羽山的山势、林木融为一体，登山观寺，春季樱花烂漫，秋末红叶炫目，寺庙的清水舞台、赤门、三重塔、子安塔等都可以"借山借树"，彼此掩映，别有一种幽趣。

清水寺有自然的山岭、林木、瀑布可以借景，而其他寺庙无法依托真山真水，只能"螺蛳壳里做道场"，发展出"枯山水"的讲究。

日本寺庙在庭院中布置赏石可能是受宋朝园林、赏石美学的影响。12 世纪末，我国江浙地区的禅宗传入日本后受到贵族的推崇。14世纪起，日本禅宗寺庙开始讲究庭院布置。1334 年高僧梦窗疏石给西

在京都东部赏樱（局部）
纸上设色彩绘，18世纪
佚名画家

芳寺设计了依山而建的庭院，主要包括"一池三山"和几处石头景观，现在看来是以水池为中心，布置石头点景，然后点缀各种花木，是比较常见的园林布置手法，对这些石头组合的各种所谓的"象征意义"的解释可能都是后世僧人、文人的"过度阐释"而已。

这里原来是干燥的沙石地面，因长期废弃，人迹罕至，滋生出很多苔藓，几乎覆盖了岩石，于是满地的青苔成了这里的特色，西芳寺也有了"苔寺"的外号。梦窗疏石为京都另一座寺庙天龙寺设计的庭院也是类似风格，当时日本禅宗寺庙大多以此为模板布置庭院。

15世纪末16世纪初，日本寺庙出现了新的庭院设计思潮。1509年，另一位禅僧、作庭家古岳宗亘给京都大德寺设计大仙院庭园时，鉴于庭院狭小，就堆叠一组组高高矮矮的巨石象征高山、小丘、岛屿，布置沙石代表河川，石头之间覆土栽种松竹青草，这种园林看上去依稀类似南宋障壁画，可谓小中见大的"如画"景观。

在京都东部赏樱（六格屏风画）

纸上设色彩绘，18 世纪

佚名画家

这前后的日本造园家相阿弥、狩野元信、雪舟等都同时具有禅宗僧人、画家的身份，也都对中国宋元绘画感兴趣，可见"枯山水"庭园的理念是绘画艺术、园林艺术彼此影响、共振才出现的。

后来就有了龙安寺的方丈南庭那种最极致的"枯山水"设计。这座寺庙是15世纪的藩主细川护熙创立的，之后因为战争、火灾两次被毁，两次重建，最后一次重建发生在18世纪末期。方丈南庭的枯山水庭院可能迟至17世纪才出现，1680年至1682年的文献记载，这里的庭院里铺着从河中捡来的细小鹅卵石以象征水面，布置了9块大石头，象征9只幼虎正在水中游泳。

1799年灾后重建龙安寺时，园艺家和作家篱岛轩秋里岛改变了方丈南庭的设计，在248平方米的庭院中布置了15块大小不一的石头，大致分为5个组团，其中一组有5块石头，两组各有3块石头，还有两组各有2块石头，周围都是白色的小沙砾，唯一的植物是石头周围生长的苔藓。在方丈房间伸出的露台上，无论从任何角度都只能看到庭院中的14块石头，始终有一块隐藏在其他石头后面，传说只有悟道之人才能看到全部的石头。

在20世纪之前，枯山水庭院仅仅在少数禅宗寺庙中布置，推崇者也仅是极少数受禅宗文化影响的文人、僧侣，在日本传统园林中并非主流，也没有人给予格外重视。很大原因在于，枯山水庭院一般比较狭小，只能观赏而无法踏足，只适合禅僧静观。

但是到了20世纪，欧美文化界"重新发现"了枯山水园林的意义。龙安寺简约的沙石布置和二战后欧美现代主义艺术家追求的极简风格不谋而合，之后欧美文化界兴起反主流文化潮流，对东方禅宗思想产生了浓厚兴趣，如约翰·凯奇（John Cage）等艺术家、设计师对这种"枯山水"风格推崇不已，在文化名人和各类媒体的传播下，龙安寺的枯山水庭院成了日本最著名的园林和文化符号之一。

第三节　东京：浅草寺的集市

在东京热闹的浅草寺仁王门前的商店街上，一个戴着礼帽、手拿拐

东都名所：浅草金龙山门前
1847 – 1852 年
歌川广重

左：浅草金龙山仁王门（东京
开化三十六景之一）
浮世绘，19 世纪末
广重三代

杖的西洋男子正在回头呼应举着伞、穿着裙装的红衣女子，而在他们的右前方有个拖着辫子的清朝男子，再往前则是穿着日式传统服饰的男女。这是 19 世纪末的浮世绘画家安藤德兵卫创作的《东京开化三十六景》中的一幅《浅草金龙山仁王门》，呈现了日本明治维新时期社会风气从保守向开放转变的现象。

安藤德兵卫又被称为"广重三代"，他本来叫后藤寅吉，是著名的浮世绘画家歌川广重（原名安藤广重）的弟子，后来娶了广重的女儿为妻，干脆就自称"广重三代"或"安藤德兵卫"。他在绘画上没有广重那样别具一格的视角，技艺也略逊一筹，可是他强烈感受到了时代变化的气氛，经常在自己的作品中描绘日本人如何接纳西洋人、西洋服饰、西洋建筑。而之前或之后绝大多数浮世绘画家描绘浅草寺的作品仍然沿袭传统的题材，要么表现寺庙举办集市或赏樱时的热闹，要么呈现特定时刻幽静的一角。

在东亚的日、中、韩等国，佛教、道教等的寺观扮演了古代的公共园

林的角色，许多寺庙在主体建筑之外也拥有自己或大或小的园林，至少在各个建筑之间会点缀一些花和树。比如浅草寺中就栽种了松树、樱花树等，宝藏门前和尚们居住的传法院的庭院据传是 17 世纪著名的茶道师、园艺家小堀远州设计的回游式庭园，可惜并不向公众开放。

　　浅草寺的历史比东京城还要悠久，相传 628 年有两个渔民在隅田川近海捕鱼时捞起了一座高 5.5 厘米的金色观音像，附近就有人施舍房舍为庙宇，专门供奉这尊观音像，这就是浅草寺的雏形，号称是东京的第一座寺庙。据说观音像显身的时候，从海中隐约有金鳞之龙显现，所以浅草寺也有"金龙山"的山号。645 年，僧侣胜海上人来到浅草寺，创立观音堂保存观音像，据说他在梦中得到启示，决定将观音像作为"秘佛像"供奉，避免参拜者直视，从此以后信众无从得见这尊神秘的观音像。

　　后来这座寺庙屡遭火灾，数次被毁。江户初期第一代幕府将军德川

家康重建了浅草寺,使它变成一座大寺院,并作为德川幕府朝拜的场所,后来发展成为江户市民的游乐之地。

1945年美军轰炸东京时引发火灾,烧毁了这座寺庙的观音堂、仁王门、雷门、五重塔等主要建筑,现在所见大部分殿宇都是后来用钢筋混凝土重建的仿古建筑,比如现在寺西南角48米高的五重塔是1973年重修的。烧毁的木塔原来位于寺庙的东部,是浅草寺的地标性建筑,经常出现在浮世绘中。

浅草寺的正门叫"雷门",门的中央挂着一个巨大的灯笼,上面写有"雷门"二字,左右两侧耸立着两尊"风神""雷神"护法塑像,十分醒目。进入以后有一条300多米长的"仲见世"商店街,聚集了几十家商店,游人可以在此购买各种小玩意儿。从江户时代起这座寺庙就与商人、商业友好相处,除了寺内有商铺,每年还举办各种集市,这是浅草寺和一般寺庙不同的一大特色。

商店街的尽头是仁王门,门左右的两侧巨大金刚力士像在日本被称为"仁王"。从仁王门过去再走一段铺石路就是正殿"观音堂",这是1958年重修的仿古建筑。它东侧的木建筑"二天门"是侥幸没有毁于美军轰炸的古代木构建筑,已经有400年历史。这是1618年时的将军德川秀忠为供奉父亲德川家康而建的东照宫的门厅,不久后东照宫的主体建筑遭焚毁,而这座门厅几经风雨一直保留到了现在。

从江户时代开始浅草寺就以游人繁多著称,每月的节庆之时往往信徒云集,每年元旦前后前来朝拜的香客更是人山人海,所以寺内、寺外都形成了热闹的集市,很多摊贩都会前来出售食品、手工制品。

以前这里也曾是春天赏樱的胜地,许多浮世绘作品中描绘过浅草寺的樱花。1873年,日本政府将附近的德川幕府东照宫遗址、诸侯宅邸等地块开辟成日本第一座近代城市公园"上野公园",在公园内栽种了许多樱花树,人们就都到那里去饱览樱花之美,浅草寺的五重塔反倒成了上野公园赏樱的背景。

广重三代曾画过一幅浮世绘呈现上野公园内举办的第二届日本商品博览会的场景,能看到西洋、日本、清朝装扮的人在美术馆前面的水池边围观歌舞表演,一些日本人已经穿上了西服。日本举办这种博览

上野公园举办的第二届日本商品博览会的美术馆和喷泉之图
浮世绘，1881年
广重三代

会是模仿欧美鼓励工商业发展，他们也大力鼓励日本的工艺品、艺术到欧美参加世界博览会，扩大日本艺术、手工艺在欧美的影响，如浮世绘印刷品传入巴黎等地后，许多印象派画家受到影响。可惜在亚洲率先强大起来的日本后来走向偏执的军国主义道路，一味好强好战，最终结出了东京遭遇大轰炸的苦果，让许多古老的建筑和园林毁于一旦。

第十四章　东方文人园林

在古代，有权、有钱之辈才有余力可以修建园林，所以园林大都分布在政治中心和经济中心，比如从南北朝一直到唐代，长安、洛阳两地的园林最为著名。唐晚期以后，江南经济日益发达，苏州、杭州、湖州、南京等地的园林开始大量出现，到元明清时期，江南地区是全国最为富庶的地区，园林也最为密集，出现了众多以"园""圃""林""草堂""山庄""水居""渔隐""小筑""隐庐"等命名的园林。

这些园林的主人大多是非富即贵的世家望族或商业富豪，在权、钱之外，也有闲、有文化品位。他们进则在朝为官，退休、贬官、辞职之后常常以园林自娱。擅长诗文绘画的他们通过雅集交流、诗文、绘画等形式传播与园林有关的知识，树立造园的价值标准，赋予园林以重要的文化意义。

第一节　长安：王维的诗意辋川

积雨空林烟火迟，蒸藜炊黍饷东菑。
漠漠水田飞白鹭，阴阴夏木啭黄鹂。
山中习静观朝槿，松下清斋折露葵。
野老与人争席罢，海鸥何事更相疑。

这是王维的诗歌《积雨辋川庄作》，因为苏东坡等人的推崇，王维自宋代以来诗名、画名日益显赫，他诗歌中咏叹的"辋川别业"也成了中国文化史中最著名的庄园之一。王维风格简淡的诗歌容易让人以为他很早就过着退隐山林的悠闲生活，整天作画吟诗、参禅奉佛，实际上他一直在朝廷当官，位于辋川的这座别业是王维的主要产业，除了休假时居住游赏，他也从经营这一大片庄园中获取收入，他在这里应该雇用了不少佃农、仆人。

山西人王维 9 岁知文，21 岁考上进士，不仅擅长诗文，还精通书画与音乐，可谓年轻有为的青年才俊。他得到执政的中书令张九龄的赏识，先后任右拾遗、监察御史、吏部郎中、给事中等职位，前途看好。可是张九龄罢相后王维在朝中受到排挤，颇为心灰意冷，常常在诗歌中表达隐逸的心态，思想上也向佛教靠近。天宝十四载（755 年）安史之乱爆发，次年叛军攻入长安，安禄山曾经任命王维担任官职。至德二年（757 年）唐肃宗收复长安后，王维因曾在"伪朝"为官的污点入狱，折腾了一番后被降职留用，后来先后任五品官员中书舍人、四品官员尚书右丞，于上元二年（761 年）故去。

开元二十九年（741 年）左右，王维买下今陕西省蓝田县境内宋之问的"别圃"，作为他和母亲奉佛修行的隐居之所，他把这里叫作"辋川庄"。西北人把山谷中的平地叫作"川"，"辋川"位于蓝田县城西南约 5 千米处的山谷中。本地人把这条山谷的入口叫作峣山之口，有一条从谷中出来的小河北流入灞河。谷内前窄后宽，前面 5 千米两山夹峙，之后就变得开阔起来，谷中道路转而向南，10 多千米之后就是王维的田庄所在地。

王维的辋川别业绵延近 10 千米，谷口有"孟城坳"，坳背山冈叫"华子冈"，山势高峻，林木森森，背冈面谷的山腰有残存的古建筑遗迹，山脚就是庄园的主要建筑，所以王维才有"新家孟城口""结庐古城下"之诗。越过山庄之后的山岗，有一处小湖"北湖"，湖边有赏景的文杏馆，馆后崇岭高起，竹林茂密，山谷中有潺潺小溪，通向幽静的深谷，里面有一处较大的湖面"欹湖"，岸边修建有北宅、临湖亭，湖对面有南宅、竹里馆等建筑，必须坐船才能抵达 [1]。古人看到山谷之间几条小河同时流向欹湖，好像车轮的辐条通向圆心的"辋"状，故称之为"辋川"。

---

1 李福全、杨主泉：《透过〈辋川集〉分析辋川别业的造园特点》，《安徽农业科学》2008 年第 36 期，第 15870 页。

这一大片别墅用地不仅可居、可游,也可耕、可牧、可渔、可樵,是王维收入的一个来源,他和朋友裴迪等人的诗文中提及这里有农田、瓜地、漆园、椒园,还栽种了木兰、茱萸、辛夷等香料和草药。

母亲去世之后,王维约于乾元元年(758 年)向皇帝上奏《请施庄为寺表》,提出施舍辋川的土地房舍为一座小寺庙,请皇帝派遣僧人前来"斋戒住持"[1]。王维和他母亲的坟墓就在寺庙西侧。据说飞云山上的鹿苑寺就是王维施舍文杏馆而成的寺庙,可惜后来寺庙建筑和王维的墓地都湮灭不知踪迹,只有一棵古银杏树仍然一年一度开花结果。

传说王维曾经在清源寺的墙壁上创作了一幅壁画《辋川图》,后来清源寺圮毁,壁画荡然无存,现在人们所见到的"辋川图"都是后来的临摹本。

元代画家王蒙绘有《辋川图》长卷,一一呈现辋川二十景:孟城坳、华子冈、文杏馆、斤竹岭、鹿柴、木兰柴、茱萸泮、宫槐陌、临湖亭、南垞、欹湖、柳浪、栾家濑、金屑泉、白石滩、北垞、竹里馆、辛夷坞、漆园、椒园。画中呈现了群山环抱之中的一处处亭台楼榭,外围环以树木,气氛安静祥和。谷中河流中有一位船夫正撑船经过,流露出悠然的隐逸气息。

唐代长安郊区的别墅、山庄为数不少。蓝田的终南山诸峰脚下、户县(今鄠邑区)圭峰脚下以及潏川、沣水两岸等处都分布有权豪的别墅,其中樊川的别墅最为密集。

樊川是长安城南郊东西长约 15 千米的带状盆地,东南起自江村,西北至于塔坡。因刘邦封名将樊哙于此,故名樊川。这里南望终南山,北倚少陵原,潏河横贯其间,气候湿润,风景绝佳,"乔木隐天,修竹蔽日"[2],从汉代以来韦、杜诸族长期聚居这里,故也称为"韦曲""杜曲"。

唐代这里诞生了众多高官显贵,俗语有"城南韦杜,去天尺五"之说,如韦安石、杜佑等官至宰相,唐中宗的韦皇后也曾权倾一时。富有的韦杜二氏在樊川营造了大量房舍园林,轩冕相望,园池栉比,也吸引了其他权贵高官前来买地修园,形成了长安南郊的一大片别墅群,如

---

1 周祖譔 主编:《旧唐书文苑传传笺证》卷三《旧唐书》卷一百九十下《文苑列传下》,南京:凤凰出版社,2012 年,第 526 页。

2 [唐] 李白 著,[清] 王琦 注:《李太白全集》卷之三十六附录六记遗迹七十则,北京:中华书局,1977 年,第 1639 页。

上、下：仿王维辋川别业图卷（局部）
绢本设色，元代
王蒙

上、下：仿王维辋川别业图卷（局部）

绢本设色，元代

王蒙

右：山庄高逸图

绢本水墨，明代

李在

韦安石别业（在今韦曲）、杜佑瓜洲别业（在今瓜洲村）、杜佑郊居（在今朱坡西）、驸马郑潜曜之业（在今南樊村与三府衙村之间）、何将军山林（在今韦曲西塔坡）、郑谷庄（在今韦曲东南）等都以花木繁茂著称，故有"韦曲花无赖，家家恼杀人"[1]的诗句。

在艺术史上，"山庄"这一题材自宋代以来就是流行题材，许多画家喜欢描绘云雾缭绕、花树纷纷的山林中隐藏的房舍和隐居的高士。这种远离繁华的幽静山庄景观仅仅是一种绘画主题而已，在云雾缭绕的深山中居住并不是一种理性的选择，实际上古代绝大部分文人生活在人口较为稠密的城镇或村落，或者在距离城镇不太远的地方安置自己的庄园。

第二节　洛阳：城内的白居易，城外的李德裕

洛阳在中国园林史上具有重要地位。西晋时，高官石崇曾在洛阳老城东北七里处的金谷内营建著名的"金谷园"，那里本就以林木茂盛、清溪潺潺著称，他依山形水势筑台凿池，建成了一座华丽而幽深的别墅。传说石崇被免职以后居住在金谷园中，与宠爱的江南歌女绿珠日夕游乐。掌握朝政大权的赵王伦手下有个将领孙秀垂涎绿珠的美色，多次索要不得，就诬告石崇意图谋反，杀死了石崇。金谷园也就败落荒废，成了后世诗人咏叹的一处废墟。

香山九老图
绢本设色，明代
周臣

唐代时，洛阳的园林著称天下。贞观、开元年间公卿贵戚在洛阳"开馆列第"的多达千余家，这些人在城中的宅邸大多有或大或小的园林，由于里坊制的限制，城内园林的规模有限，因此当时的权贵、高官、富豪常在郊区的山林名胜之地修建山庄、别业。

名满天下的诗人白居易和贵为宰相的牛僧孺、李德裕因为家境、财力、政治观点的不同走了不同的人生道路，但他们都是爱好园林之人，引领了中晚唐的园林、赏石之风。

三人中白居易的年纪最大，他 772 年出生在河南新郑的低级官员

1　[唐] 杜甫著，[清] 仇兆鳌注：《杜诗详注》，北京：中华书局，1979 年，第165 页。

家庭,家境一般,29岁时考中进士为官,在官场磨砺将近20年还没有成为五品以上的高级官员。比白居易年轻7岁的牛僧孺也是考中进士后入朝为官,因为受到宰相李吉甫的排挤而多年不得志。而李吉甫的儿子李德裕最年轻,他出身世家大族,少年就有才名,胸怀大志而不好科举,以门荫入仕后年纪轻轻就到地方历练,受到许多高官的提携,前途看好。

元和十五年(820年)唐穆宗登基后力图有所振作,同时提拔牛、李、白三人,他们在首都长安同朝为官。牛僧孺先是改任御史中丞,两年后宰相李逢吉引荐他为"同平章事",位居宰相之位。李德裕先是升任翰林学士,长庆二年(822年)被李逢吉排挤到地方任职。白居易则在元和十五年(820年)升任主客郎中,长庆元年(821年)升任中书舍人,他与李德裕在这前后都曾负责为皇帝撰写诰示,但两人似乎并没有什么交情。或许这是因为出身一般家庭的白居易此时48岁,而高门大族出身的李德裕才33岁,两人年龄差距大,性情、政见也并不相投。

牛僧孺和李德裕是公开的政敌,此后两人在唐穆宗、唐敬宗、唐文宗三朝演出了"你方唱罢我登场"的戏剧,牛僧孺在822年、830年两次担任宰相,李德裕在832年和839年两次执政,他们轮番成为宰相并将对手排挤到地方任职,以两人为代表的牛李党争几乎持续了近半个世纪。

白居易逍遥于党争之外,但是略微偏向牛党方面,他和牛僧孺有私人交往,而李德裕可能内心对以诗文著称的白居易有点看不起,觉得他仅仅擅长写诗文而缺乏实际行政能力和决断。宰相高官和文坛名人各有各的朋友圈和追捧者,也算是一种"王不见王"吧,尽管两人有共同的朋友刘禹锡。

白居易担任主客郎中以后薪俸比较丰厚,这才有钱置产,长庆四年(824年)他买下已故散骑常侍杨凭在洛阳履道里的宅邸。5年后白居易因病改授太子宾客分司,这是个在洛阳薪俸丰厚的闲职,他回履道里闲居,过起了"闲适"的晚年生活,主要精力花在了游览、写诗上。

白居易买下的履道里宅邸本就带有竹木池馆,后来他又加以营造修饰,白居易在《池上篇》形容这里"十亩之宅,五亩之园,有水一池,有竹千竿。勿谓土狭，勿谓地偏，足以容膝，足以息肩。有堂有亭，有桥有船，有书有酒，有歌有弦"[1]。他还在池中布置了紫菱、白莲，在园中摆设了太湖石等各种赏石。

白居易的诗歌中经常提及赏石之趣，他曾买来石块摆在履道里宅邸的园林中，还曾把在洞庭湖发现的两块"怪且丑"的石头运到府衙中欣赏，可见当时把赏石与花木、池塘结合布置园林已经成了时尚。

白居易还喜欢到城内外的园林中游赏，曾出入张仲方的林亭、崔玄亮的依仁亭台、李仍叔的樱桃岛等私宅以及香山寺、圣善寺、天宫寺、长寿寺等寺庙，他也曾经到远郊区的平泉、金谷拜访友人的别业，欣赏山林之美。比如他数次前往平泉拜访隐居的友人韦楚的别墅，一度还想买下那里以白色怪石著称的"雪堆庄"作为别业，可惜仔细思量后觉得这些地方距离城中太远，就没有付诸行动。

牛僧孺也是一位著名的赏石爱好者。832年，他知道皇帝对自己不满想要提拔李德裕担任宰相，就主动告退，到扬州担任"淮南节度副大使知节度事"，在那里他收集了许多太湖石，成为历史上最早的太湖石收藏家。837年他被任命为"东都留守"这个闲职，他把收藏的石头带到洛阳城东归仁里的宅邸，后来还在城南买下一座别墅，布置了一座规模更大的园林，在那里展示来自太湖的众多奇石。

据说牛僧孺以廉洁著称，唯独对别人馈赠的上佳太湖石来者不拒，如苏州刺史李道枢曾送给牛僧孺一方稀有的太湖石，迢迢千里运到洛阳，牛僧孺大为高兴，特邀白居易、刘禹锡等同好观赏并写诗唱和。后来，白居易于会昌三年（843年）题写了著名的《太湖石记》，记述牛僧孺对于赏石的癖好和众多的收藏："公于此物独不廉让，东第南墅，列而致之……三山五岳，百洞千壑，觊缕簇缩，尽在其中。百仞一拳，千里一瞬，坐而得之。"[2]

李德裕也是被贬官之后开始注重经营别墅和园林。李德裕在洛阳出生，也想在这里终老，除了在城中有宅邸，他在宝历元年（825年）买

1　[唐] 白居易 著，谢思炜 校注：《白居易文集校注》卷第三十二池上篇，北京：中华书局，2011 年，第 2845 页。

2　[唐] 白居易 著，谢思炜 校注：《白居易文集校注》，北京：中华书局，2011 年，第 2059 页。

下洛阳龙门西南伊川涧谷中的一处别业地块（今洛阳伊川县梁村沟附近），修建了自己的庄园，因为此处平地上有山泉涌出，所以他就命名自己的别业为"平泉山庄"[1]。平泉山庄所在的这个沟涧中还分布着崔群、李绛、令狐楚、韦楚、卢贞等高官、世族的别墅，附近的河流、谷口附近估计还有其他人的一些别墅。

李德裕大多数时间在各地为官，因此只是偶然路过洛阳时暂居平泉山庄。太和九年（835年），他被贬官为太子宾客分司东都事务。次年九月，他回到洛阳闲居，着力经营平泉山庄的园林，似乎有隐居的心态，不过到十二月他就又被调任浙西观察使，不得不离开山庄。他在平泉山庄仅仅逗留了两个多月，可这段短暂的时光让他终生念念不忘，后来写了许多回忆那里的树木、赏石的诗文。

尽管李德裕并不住在平泉山庄，可是好友、门生、官僚还是投其所好纷纷赠送各种园林点缀，李德裕在《思平泉树石杂咏一十首》等诗歌中提及那里摆着似鹿石、海上石笋、叠石、泰山石、巫山石、钓石、赤城石等奇石。

在白、牛、李三位名人的带动下，文人雅士纷纷以石头的造型及其文化寓意为观赏对象，赏石成了流行的风尚。晚唐画家笔下经常描绘园林中的赏石、花木，如画家孙位的《高逸图》是描绘竹林七贤的残卷，图中名士山涛、王戎、刘伶、阮籍各具姿态，其中王戎手执"如意"，身后则是一丛芭蕉和赏石。显然，画家描绘的背景并非西晋洛阳真实环境中的山林，而是江南的园林风物。孙位出生在浙江绍兴，晚年在四川生活，熟悉芭蕉这种南方的园林植物，而历史上的竹林七贤未必真的见过芭蕉。

唐末五代后梁的驸马赵喦也是一位著名画家，他的《八达游春图》描绘贵族在园囿中打马球的场景，画面中也出现了太湖石。有意思的是，这座园林中除了北方常见的柳树，还出现了棕榈科树木的身影，或许是因为当时的贵族喜欢移植南方的新奇植物吧。

在唐末的动荡中，洛阳的园林大多毁于战火，"池塘竹树，兵车踩

八达游春图
绢本设色，五代
赵喦

---

1 刘海宇：《唐代东都洛阳平泉别墅群考述》，《齐鲁学刊》2015年第4期，第34－38页。

蹴,废而为丘墟;高亭大榭,烟火焚燎,化而为灰烬,与唐共灭而俱亡,无余处矣"。[1] 到了北宋时,因为靠近首都开封,洛阳是许多权贵高官集聚之地,新出现了一些园林。李格非的《洛阳名园记》记录了北宋时洛阳的 19 处园林,大多数是在唐代废园的基础上重建而成,其中 18 处为私家园林,包括附属于宅邸的富郑公园、环溪、湖园、苗帅园、赵韩王园、大字寺院 6 处;单独建置的董氏西园、董氏东园、独乐园、刘氏园、丛春园、松岛、水北胡氏园、东园、紫金台张氏园、吕文穆园游憩园林 10 处,培植花卉的归仁园(牛僧孺故宅)、李氏仁丰园 2 处花圃。

更有趣的是,牛僧孺、李德裕的奇石再次出现在北宋权贵高官的园林中,《邵氏闻后录》云: "今洛阳公卿园圃中石,刻'奇章'者,僧孺故物,刻'平泉'者,德裕故物,相半也。"[2]

第三节　南京:瞻园层垒的文化符号

400 年前,意大利传教士利玛窦来到明代的南京,这座满是殿、庙、塔、桥的城市让他惊叹不已。1599 年他第三次到南京时,住在三山街北面的承恩寺,他曾应邀到魏国公徐弘基的宅邸做客,对徐家的园林"瞻园"印象深刻,留下了关于这座园林的细致记载,可谓中西园林思想交流的佳话。他提到花园里有一座人造假山,这座假山打满孔洞,假山里面开凿了一个供避暑之用的山洞,内中接待室、走廊、台阶、鱼池、树木等一应俱全。这座园林宛如一座迷宫,"当你步入另一扇门前,得花上两三个小时才能游览完每处地方"[3]。

瞻园所在的地块靠近南京老城的中心,明太祖朱元璋占领南京称"吴王"时将这里的一座大宅作为吴王府,他称帝住进皇宫以后把这座"吴王府"赏赐给开国第一功臣、被封为魏国公的徐达,谨慎的徐达坚决辞谢,没有入住那座"龙潜之宅",于是朱元璋就让人在王府对面地块上

1 李格非:《洛阳名园记》,北京:文学古籍刊行社,1955 年 8 月第 1 版,第 13 页

2 [宋]邵博 撰,李剑雄、刘德权 点校:《邵氏闻见后录》,北京:中华书局,1983 年,第 212 页

3 [英]柯律格:《西方对中国园林描述中的自然与意识形态》,吴欣 主编:《山水之境:中国文化中的风景园林》,北京:生活·读书·新知三联书店,2015 年,第 2 页

修建了魏国公府，府内有很大一片空地没有得到利用，仅仅用来养马。

到嘉靖年间江南士大夫兴起园林热，徐达的七世孙、太子太保徐鹏举也大兴土木，采办假山石、木材等，将府邸西边的马厩所在的地块改建成了西花园，其中一些名贵的太湖石据说来自宋徽宗在开封的御花园。

经过三代魏国公的修缮与扩建，万历年间这座园林初具规模。万历十六年（1588年）文坛领袖王世贞曾经游赏南京的各处园林，在《游金陵诸园记》一文中，他记载魏国公府中有东园、西园、南园等多个园林，还有一处以叠石、厅阁、花木为特色的"西圃"，以假山逶迤曲折、花木新奇雅致著称。徐达十世孙徐弘基将"西圃"更名为"瞻园"，可是它藏在王侯府邸之中，外人难得一瞻其风采，只有王世贞、利玛窦这样的官员、名人有机会进入其中。

明清易代，南京遭遇了兵火的劫难，徐达的后人从公侯沦为乞丐，瞻园换了新主人，成为江南布政使的官署，仍然只有极少数人才可以进入参观。康熙早期的江南布政使龚佳育的儿子龚翔麟曾在这里居住6年，他们父子曾邀请亲友沈岸登、王石谷等来此居住游赏，留下了许多记述在瞻园雅集的诗文，王石谷还曾受邀创作过一幅《瞻园旧雨图》。

到了乾隆二十二年（1757年），瞻园的名声骤然大振，这是因为乾隆第二次南巡时驻跸在此园并御题"瞻园"砖额。乾隆回到北京后还让人以瞻园为蓝本在长春园内仿建了"如园"，后来毁于1860年的英法联军之手。有乾隆皇帝做榜样，有幸能进入布政使官署游览的官僚、文士纷纷写作游览瞻园的诗文。

桐城派散文家姚鼐是乾隆中晚期的著名文人，他考上进士，担任四库全书馆纂修官等职务，11年后辞官回乡，以讲学授徒为生。他曾流连扬州、安庆、歙县、南京等地的书院任教，和各地的官僚、学者多有交往，对游赏的山水、园林名胜多有记述。姚鼐曾在南京钟山书院担任主讲，课余曾经应江宁布政使陈奉兹之邀，和一众文人雅士雅集游览瞻园，之后他一连写了8首五律纪念这次游赏，其中一首写道：

自有丹阳郡，何时不胜游。
名园今日会，官阁累朝留。

瞻园图
绢本设色，清代
袁江

古意蟠松正，天成立石稠。

远思营建力，名字向谁求。

他感叹这座园林历史悠久，可是最早营建者的名字已经不可考，然后在其他几首诗里怀念了历代主人的事迹，感叹古今、荣枯的变迁，如今只有石头、树木在无言地诉说这里的故事。南京的名人袁枚也曾受布政使之邀参观这里，之后写了《瞻园十咏》。有意思的是，大概觉得自己的官署占据了魏国公府邸心有不安，清代每一任江宁布政使进入官署后都会前往官署北侧的武宁祠，拜祭徐达的灵位。

也是在康乾时期，名声不显的民间画师袁江留下了关于瞻园的绘画。袁江先后在扬州、南京、绍兴等地以绘画谋生，因为画技精湛，雍正时一度被召入宫廷做画师，晚年又回到家乡扬州。

在康熙晚期，袁江在南京时受托创作了这幅《瞻园图》。这座园林是掌管一省财政事宜的从二品高官布政使的官署，不经允许常人是无法进入的，他的委托者或许就是某一位布政使本人。

袁江以瞻园中的湖面为中心，描绘了周围的院落建筑。传统的所谓"界画"，是借助界笔、直尺来刻画线条以表现各种建筑物的传统画种，常用来描绘帝王宫苑、庙宇寺观。袁江虽然用周正的线条描绘庭院、回廊、水榭、楼阁，可是他的特点是把周围的小丘、树石画得颇为生动，还点缀动态的人物活动，如《瞻园图》中一处挂有"一览楼"牌匾的高楼上，主人正在会见宾客，庭院中仆人在洒扫，童子在嬉戏，一派家庭生活的安乐气息。画家好像是在空中鸟瞰地面的建筑和街道，同时观察描绘建筑物的正、侧、顶三面，向视平线延伸的各种直线呈平行状态，物象没有近大远小的透视变化，不像欧洲绘画那样强调透视效果。

同治三年（1864年），清军攻进南京时瞻园的建筑毁于兵火。同治四年（1865年）、光绪二十九年（1903年）时地方官员曾两度重修瞻园，民国时先后充当江苏省长公署、国民政府内政部、中统局等政府机关办公地点。

1958年，南京市政府决定重修瞻园供人民游览和接待外宾，古建专家刘敦桢教授受命主持瞻园的恢复整建工作，历时6年重构了这座

园林，其中最大的工程是在园中设计建造了南假山，请苏州韩良源、南京王奇峰两位假山艺匠带队用 1000 多吨太湖石拼接堆砌而成的曲折山岫，各处危崖、溶洞、钟乳石、蹬道、石矶、瀑布与步石组合，实虚相映，是追求古意的现代叠石之作。1987 年，政府又按照刘敦桢、叶菊华的设计图纸进行了二期东扩工程，新修了近 4000 平方米的园林和楼台亭阁 13 间。2008 年至 2009 年又进行了北扩工程，增建了 9000 平方米的"北部新园"，参照袁江的画作和清末《瞻园雅集记》《瞻园志》等的记载，以水池为中心修建了环碧山房、移山草堂、逐月楼、春波亭、薇亭等建筑。如今人们所见的瞻园面积约 25100 平方米，共有大小景点三十余处。

和如今江南许多地方的所谓"古典园林"一样，瞻园在明末、清末经历了许多磨难，乃至于完全损毁，又在 19、20 世纪几经修复，如今只有静妙堂的主体是清末建筑,西部的北假山等处依稀还有明清遗貌,其他建筑大多数都是现代重修的仿古建筑和景观。静妙堂是全园的中心,将园林、水面分成南北两大空间、两片池塘,在厅南的月台与坐栏上可以观水赏山。这里最早在明代修建了一处观景厅堂建筑,称为"止鉴堂",乾隆时改称"绿野堂",清同治四年(1865年)江宁布政使李宗羲重建瞻园时修建了一座三进建筑并命名为"静妙堂"。

西假山上种植梅花的一处景点"梅花坞"曾经出现在清代小说《儒林外史》第五十三回。北假山底部有明代园林遗存,山脚前端伸入水中的石矶也出现在了袁江的画中,山顶则几经堆叠,已经和袁江画中描绘的假山有了很大不同。

第四节　苏州:窗外的风情和雅意

在明末,繁华拥挤的苏州街巷中,文人士大夫以拥有小小的园林为时尚,"一峰则太华千寻,一勺则江湖万里",这是他们赋诗会友、静夜思考、合家游乐的胜地。也有人不满足局促的小院小池,去城外建造自己的乐园,于是就有了拙政园、留园、网师园等大大小小的园林。

苏州园林之美从窗户的处理可见一斑。踏入留园那一扇黑漆大门,顺着一段晦暗而曲折的长廊步行,先看到一扇长方形空窗,中间是一丛绿叶。穿过门洞,前面的粉墙上有6扇花窗,若隐若现,透出园内的青竹、太湖石、樱花、柳条、海棠、楼阁和人声来,恰是"庭院深深深几许"的意味。留园最美的是在峰轩北墙的三扇窗外,一堵粉墙,数竿青竹,几点湖石,投在墙上淡蓝色的影子,组成了一幅幅淡雅的写意画。从曲溪楼看出去,窗户框出的景色满是浓浓的绿色,水中照映着的可亭、池水、经幢愈显清幽。

留园中的窗有正方形、长方形、六角形、八角形、葫芦形、半月形等多种形式,雕花、素白、描金、彩色等多种装饰,让人印象深刻。正如建筑大师贝聿铭所言:"在西方,窗户就是窗户,它放进光线和新鲜的空气;但对中国人来说,它是一个画框,花园永远在它外头。"

窗最早的功能是透光,可是一旦人文发展起来,雕琢就无法避免。

拙政园诗画八开册页
之"芭蕉槛"
纸本设色，明代
文徵明

明末时江南园林开始讲究窗户的设计，计成的《园冶》中出现了各种奇特的窗、门设计[1]，苏州的窗的式样之多可谓世界之最，光窗框就有矩形、菱形、多边形、圆形、月牙形、宝瓶形、桃形等样式，中间的窗芯更是成百上千，有定胜、六角景、菱花、书条、绦环、套方、冰裂、鱼鳞、钱纹、球纹、秋叶、海棠、葵花、如意、波纹等，就算在外围墙上也做成假漏窗模样。

　　窗可借景，也可漏景、框景，本身也是景。平直的墙面有了它如同有了眉眼，顾盼有致。在不同的光影照射下，花窗的花格会形成多姿多彩的落影，为粉墙打上古典的涂鸦，添几分活泼的生气。从漏窗往外看，园林中竹树摇曳，楼阁隐现，片山有致，寸石生情，更有旭日夕晖、春华秋实都可应时而借，"山之光、水之声、月之色、花之香……真足以

1 ［英］夏丽森：明代晚期中国园林设计的转型，吴欣 主编：《山水之境：中国文化中的风景园林》，北京：生活·读书·新知三联书店，2015 年，第 220、221 页

拙政园诗画册八开册页之
"小飞虹"
纸本设色，明代
文徵明

摄召魂梦，颠倒情思"。

　　窗可以说是苏州园林的心之七窍，要包孕映衬、虚实、曲直、开合、动静、隐显，要取舍朝晖斜阳、日光月影、雾雪霜露、芭蕉夜雨。园林主人为了"开窍"，费心费力费钱，据说沧浪亭全园有108种花窗样式，在游廊中间还要隔以粉墙，成蜿蜒曲折的复廊，中间分隔墙上嵌设漏窗，一字排开，连绵不断，这样对视成景，在园中可以透过漏窗看悠悠碧水，看对岸的杨柳依依；在园外则可透过漏窗望见枝头春意闹，山池亭台在花树中若隐若现，有如丹青画卷。

　　苏州园林不是"开轩面场圃，把酒话桑麻"，也不是"风生梁栋间，云出窗户里"，而是"前堂后堂罗袖人，南窗北窗花发春"，是"支窗独树春光锁，环砌微波晚涨生"，虚虚实实，似断非断，影影绰绰，男女、世情、风景，如此才有遐想。

拙政园：退隐之园

明嘉靖皇帝时期的苏州进士、御史王献臣在北京为官时因为得罪了东厂太监，被打了三十廷杖，贬为上杭县丞、广东驿丞。后来父亲去世，王献臣从永嘉知县任上回家守孝，之后干脆辞官不出，买下苏州城外东南角大弘寺旧址二百余亩土地拓建为园林，园中的大水池"望若湖泊"，周围开辟为花圃、竹丛、果园、桃林，穿插堂、楼、亭、轩等三十一景，形成一个以水为主、模拟田园风光的城郊园林，取晋代潘岳《闲居赋》中"灌园鬻蔬，以供朝夕之膳⋯⋯此亦拙者之为政也"之意，名为"拙政园"。

王献臣和同城的著名文人画家文徵明父子有交往，王献臣回到苏州定居后时常和比自己年轻的文徵明往还唱和。嘉靖十二年(1533年)，他邀请文徵明作《王氏拙政园记》，为园中若墅堂、梦隐楼、繁香坞、倚玉轩、小飞虹、芙蓉隈、小沧浪、志清处、意远台、钓碧、水华池、净深亭、待霜亭、听松风处、怡颜处、来禽囿、玫瑰柴、珍李坂、得真亭、蔷薇径、桃花沜、湘筠坞、槐幄、槐雨亭、尔耳轩、芭蕉槛、竹涧、瑶圃、嘉实亭各处景物绘图30幅，每一处景致对题一首诗，诗前作小序。两年后文徵明又补绘了一景《玉泉》。嘉靖三十年(1551年)，文徵明又从册页的三十一景中选择了其中的十二景重绘一册页，现在仅存八景，藏于纽约大都会博物馆中。

无论是王献臣对园林各个景点的命名，还是文徵明的诗、画，大多都在强调一处处景点和园主的德行、前贤的行迹的对应关系，比如池塘中的观景亭"小沧浪"就与北宋时苏州名人苏舜钦修筑沧浪亭归隐的典故有关，诗云：

> 偶傍沧浪构小亭，依然绿水绕虚楹。
> 岂无风月供垂钓，亦有儿童唱濯缨。
> 满地江湖聊寄兴，百年鱼鸟已忘情。
> 舜钦已矣杜陵远，一段幽踪谁与争。

王献臣死后，其子在赌博时将这座园林输给了阊门外下塘的徐少泉，徐家在拙政园居住了百余年，后来因为家族衰落无力维护，部分园林逐渐荒废。崇祯四年(1631年)刑部侍郎王心一购得废园东部的十

拙政园诗画册八开册页之"槐幄"

纸本设色，明代

文徵明

拙政园诗画册八开册页之钓碧
纸本设色，明代
文徵明

余亩荒地，重新设计整修了一座"归田园居"的小园林。园中有秫香楼、芙蓉榭、泛红轩、兰雪堂、漱石亭、桃花渡、竹香廊、啸月台、紫藤坞、放眼亭等景点，以奇峰怪石、名葩奇木著称，可惜清道光年间王氏家族的这座园林也日渐荒圮，大部变为菜畦、草地，后卖给了潘师益家族。

拙政园的中部在清初被徐家以 2000 两白银卖给了高官陈之遴，他在北京当官，这里主要是他的妻子徐灿带着子女居住。徐灿是苏州本地才女，在这里写下了许多诗词作品，出版时题名为《拙政园诗余》。她对这里重加修葺，还曾将几株宝珠山茶移栽到园中，成为江南绝无仅有的奇花异卉。

顺治十五年（1658 年），陈之遴被发配到沈阳，家产也被没收。朝廷把拙政园拨给宁海将军、兵备道作官署，后来被吴三桂的女婿王永宁买下，他曾大兴土木修建亭台楼阁，改变了文徵明记录的明代园林格局。后来吴三桂举兵反清，王永宁听说后恐惧而死，这座园林再次被籍没入官，成了苏松常道台的官署。

康熙二十三年（1684），康熙皇帝南巡时曾来此园游览，此后这里的产权几经辗转，为多个富户分割居住，后来一部分园林馆舍充当过太平天国忠王李秀成的王府、江苏巡抚行辕、奉直会馆、医院等机构的办公室。

拙政园西部的花园在光绪三年（1877 年）被富商张履谦买下，他易名为"补园"，修建了塔影亭、留听阁、浮翠阁、笠亭、与谁同坐轩、宜两亭、卅六鸳鸯馆、十八曼陀罗花馆等景点。

苏州市在 1952 年、1959 年两次对拙政园东部花园进行大规模整修，把拙政园中、西、东三部重又合而为一，将中部花园和西部花园作为公共园林开放，临街房屋中间部分后开辟为苏州博物馆。今天的拙政园矗立着 32 处亭台楼阁以及其他建筑，与文徵明画作描绘的 31 处景点只有 4 处重合，而且景观也都有了重大变化。

在将近 500 年的历史变迁中，拙政园最初的建筑、赏石、花木已经渺无踪迹，如果文徵明进入现在的拙政园，或许无法相信这就是自己曾经描绘的那座园林。

江南：绘画和园林交汇之地

苏州堪称中国的园林之都，从南北朝以来每个朝代都有富豪、雅士修造园林，清末光绪时期的《苏州府志》粗略统计苏州在南北朝有 14 处园林，唐代有 7 处，宋代有 118 处，元代有 48 处，明代有 271 处，清代有 139 处，即便减去个别穿凿附会之说，仍然算得上数量众多，尤其是宋代和明清时期算是苏州修造园林的两次高峰。

苏州造园的风气和苏州的地理、经济、文化历史有关。首先苏州有山有水，河道交叉，地理、地形适于造园；其次，苏州有三江五湖，是交汇之地，方便运销水稻、海盐、铜矿等，所以自春秋战国以来就是"江东一都会"[1]，经济上的繁荣为人们修造园林奠定了物质基础。

战国时，吴国君主阖闾、夫差父子是苏州的第一代园林营建者。根据《越绝书》《吴越春秋》等书籍夸张的记述，阖闾为了观景、游猎、避暑，修建了一系列王室苑囿，"立射台于安里，华池在平昌，南城宫在长乐"，"秋冬治于城中，春夏治于城外，治姑苏之台。旦食鱼且山，昼游苏台，射于鸥陂，驰于游台，兴乐石城，走犬长洲"[2]。

夫差进一步扩建姑苏台上的宫殿，据说这座高台宫苑周围五里，内可容纳妃嫔宫女数千人，从宫中可以远眺 300 里[3]。这些描述过于夸大，但依稀反映出吴国贵族喜好游赏的风气，可能那时他们已经利用曲折的水道、山丘造园了。夫差爱好享受的名声广为人知，《左传》记载鲁哀公元年（公元前 494 年）吴楚对垒时，楚大夫子西曾评价夫差"所欲必成，玩好必从，珍异是聚，观乐是务"[4]，肯定会招致祸患，后来果然死于卧薪尝胆的越王勾践之手。

魏晋南北朝时，士人兴起游山玩水、写树叹花的游乐风尚，高官显贵纷纷营建园林，当时的士人园林、寺庙园林都颇为兴盛，而且可以彼此转化，如吴国的大臣陆绩携带回一块"郁林石"安放在苏州宅第中，后

1　[汉] 司马迁 撰：《史记》，北京：中华书局，1982 年，第 3267 页。

2　[清] 马骕 撰：《绎史》，北京：中华书局，2002 年，第 2254 － 2255 页。

3　[清] 马骕 撰：《绎史》，北京：中华书局，2002 年，第 2499 页。

4　[日] 竹添光鸿：《左传会笺》，辽宁：辽海出版社，2008 年，第 572 页。

真赏斋图（局部）
纸本设色，明代
文徵明

来他们家族把这处房舍园林捐出修建了宝光寺,这块巨石也成了宝光寺园林的标志。王导之孙王珣、王珉兄弟也把家族在苏州的宅园捐给僧人修建虎丘东寺、西寺等。

中晚唐时苏州经济繁荣,人口众多,形成了"君到姑苏见,人家尽枕河。古宫闲地少,水港小桥多"的居住格局。人们大多只能在宅邸有限的空间中刻意经营,如陆龟蒙的宅园以"不出郛郭,旷若郊墅"著称,突出绿竹、蕉窗、石台、鹤鸣、鹭影等清幽的文人趣味。

宋代是苏州的第一个造园高峰,士大夫范仲淹、苏舜钦、梅尧臣、朱长文、叶梦得等或者为自己造园,或者为官署开辟园林,范成大、李弥大还在城郭之外修建石湖别墅、西山道隐园。佛寺、道观的主事者也常常以园林和花木为胜景,每到开花时节就会吸引众多游客前去观赏。可惜在两宋之际的"建炎兵祸"中,苏州大小园林几乎被消灭殆尽。

明清时期江南经济繁荣,苏州的官僚士大夫、富商以造园为风尚,讲求"卷石""勺水"布置,造就了如今依旧著名的一系列园林,给苏州留下了丰富的文化遗产。

明末园林设计的兴盛无疑和当时的经济、文化、政治各领域的密切互动有关。值得注意的是,造园名家如张南阳、周秉忠、周伯上、计成、张南垣都有绘画功底[1],他们筑园叠山时常常取法画意,讲究经营布置,营造如画的环境。可以说,园林艺术与绘画艺术的对话,园林设计师和文人的交流,对这一时期的造园理念和技法的发展有深刻影响。

上海造园名家张南阳从小跟随父亲学画,自己也擅长绘画,他用黄石堆叠的成片假山犹如宋代画家荆浩和关仝的笔意,1559 年营建的上海豫园和 1572 年开始修建的太仓弇山园都出自他的设计,都有让人印象深刻的假山、水景。弇山园的主人王世贞是当时的文坛领袖,他和友人的笔下、言谈中常常提及弇山园,这是 16 世纪末最著名的园林之一。

计成则是 17 世纪初的造园家,他最初以绘画为生,后来在镇江润州居住时看到有人在园林中布置假山,他觉得造型太过刻意,主动给对方设计了一座假山,受到同好的赞赏,这以后就转行主攻园林设计。之

---

1 高居翰、黄晓、刘珊珊:《不朽的林泉:中国古代园林绘画》,北京:生活·读书·新知三联书店,2012 年,第 47 页

后,他陆续设计营造了常州的东第园、仪征的寤园、南京的石巢园、扬州的影园等园林。在假山之外,他也注重水景的营造以及园林的布置细节。他还积累实践经验,写出了中国最早的造园专著《园冶》。

另一位造园家张南垣曾跟从著名画家董其昌学过画,清初顺治年间到康熙年间,他在江南的松江、嘉兴、江宁、金山、常熟、太仓一带设计修筑了王时敏的东园(乐郊园)、钱谦益的拂水园、无锡的寄畅园等著名园林。与张南阳不同,他修筑假山景观时主张因地取材,以土为主,营造自然平缓的格局,类似元末以来的文人画,并不用假山石营造庞然大物,仅仅在关键地方略加点缀,突出悠然的画意。张南垣的 4 个儿子皆传父业,尤以张然、张熊名气较大,张然还曾到北京为康熙皇帝设计督造园林。

整个江南地区的园林大多经历了明末、清末的多次兵火,遭遇了园主家族的盛衰变迁,就像拙政园那样在 400 多年里分分合合,一会儿是诗人庭院,一会儿是高官宅邸,或为藏娇的"金屋",或为官府的治所,经历了多次重建、修补,至今依旧让万千游客着迷,人们仍然希望从这些园林的窗户中一窥那个拥有着繁华与风流、传奇与故事,融诗书画为一体的美好"江南"。

第十五章　桃花源：逃逸之园

晋太元中，武陵人捕鱼为业。缘溪行，忘路之远近。忽逢桃花林，夹岸数百步，中无杂树，芳草鲜美，落英缤纷，渔人甚异之，复前行，欲穷其林。林尽水源，便得一山，山有小口，仿佛若有光。便舍船，从口入。初极狭，才通人。复行数十步，豁然开朗。土地平旷，屋舍俨然，有良田美池桑竹之属。阡陌交通，鸡犬相闻。其中往来种作，男女衣着，悉如外人。黄发垂髫，并怡然自乐。见渔人，乃大惊，问所从来。具答之。便要还家，设酒杀鸡作食。村中闻有此人，咸来问讯。自云先世避秦时乱，率妻子邑人来此绝境，不复出焉，遂与外人间隔。问今是何世，乃不知有汉，无论魏晋。此人一一为具言所闻，皆叹惋。余人各复延至其家，皆出酒食。停数日，辞去。此中人语云："不足为外人道也。"既出，得其船，便扶向路，处处志之。及郡下，诣太守，说如此。太守即遣人随其往，寻向所志，遂迷，不复得路。南阳刘子骥，高尚士也，闻之，欣然规往。未果，寻病终。后遂无问津者。

桃源问津图（局部）
纸本设色，明代
文徵明

陶渊明这则《桃花源记》呈现了一个安乐的小世界，可以说这是东方版的"伊甸园"：这个隐蔽的洞天福地是如此的平静安乐，人们不知道汉、魏、晋这些政权的更迭，没有官吏的骚扰，没有战乱的威胁。

这似乎是一处有着现实可能性的"田园乐土"，其中的良田、美池、桑竹既有实用功能，也可以观赏游览。可让人失望的是，那位偶然闯入桃花源的捕鱼人终究耐不住乡思，几天之后还是决定回家，后来无论是太守还是隐士刘子骥，却再也无法发现进入那里的门径。

对于陶渊明为何写下这篇故事，有种种的研究和推测。外在而言，汉末魏晋时，天下大乱，一些人为了躲避战乱和赋役，逃到深山老林

上：桃花源图（局部 1）
纸本设色，明代
仇英

下：桃花源图（局部 2）
纸本设色，明代
仇英

中，还有大量的北方民众迁移到江南，在外来移民和土著的新旧冲突中，落败的一方被迫躲避到更偏远的山区生活，于是就有了北方的所谓"山胡"，南方的所谓"山越"。如荆州的武陵郡在东晋时代就涌入了许多北方民众，有些人主动或被动前往深山老林中耕种，形成了一些小村落，或许曾发生过住在大村镇的采药者、渔人进入深山幽谷，误入不为外人所知的偏僻村落，后来想再去寻找却不知所踪的故事。

内在而言，陶渊明的曾祖父陶侃曾经官居荆州刺史、大司马，封长沙郡公，是东晋的名臣之一，可是之后他家就败落了，陶渊明自己更是仕途不顺，性情也不适合官场，因此中年时退居乡下，过着"采菊东篱下，悠然见南山"的农耕生活。可他毕竟难以忘怀家国大事，当宋武帝刘裕取代东晋政权后，他不乏前朝遗民的心态，"不知魏晋"还不如说是"不知刘宋"，既有对乱世的慨叹，也有自身的一些感怀。

陶渊明的名声在唐代还不怎么显著，只是一些有修道寻仙思想的文人把桃花源描述成想象的仙境、仙界。到宋代因为教育、出版的发达，陶渊明成为文人阶层普遍推崇的文化偶像，他笔下的"桃花源"也就成了文人不断抒写谈论的主题。"桃花源"成了文化人在利益交织的现实世界以外寄托情思的"理想空间"，成为各色人等称颂、标榜的"文化符号"。

有意思的是，陶渊明的"桃花源"记述的是从现实世界"误入"可能的理想空间，"桃花源"是现实世界的反面和镜像，是让人们躲藏的地方，可是后来不断有好事者试图将它"变成现实"，或者说，"进驻现实"。

有的文人官员把"桃花源"意象用在了行政区域的命名上，比如宋乾德元年（963年），转运使张咏根据朝廷的命令分拆武陵县时，建议在武陵县之外设置桃源县，以此呼应陶渊明所作的《桃花源记》。此后各地命名为桃源、桃花源的县、镇、村越来越多，如江苏省泗阳区域在元至元十四年（1277年）曾被设置为桃园县，明代改称桃源县，民国初年因与湖南桃源县重名而改称泗阳县。最新的案例是，重庆酉阳县2010年把一个镇"钟多镇"改名为"桃花源镇"。

也有帝王、文人把"桃花源"落实到自家的园林中，把陶渊明这位隐士想象中的逃逸之所变成了装点园林的局部景点。比如康熙皇帝赐给

儿子四阿哥胤禛即后来的雍正皇帝的圆明园中有一处曲水岛渚，雍正曾借用苏州的"桃花坞"之名命名，雍正的儿子弘历曾在这里读书，他登基之后把这里改称"武陵春色"。因为这里四周环山、密布山桃，从东侧的水道可以乘舟缓缓进入，岸边的桃树林可以让皇帝体验"夹岸数百步，中无杂树，芳草鲜美，落英缤纷"的意境。虽然使用了"武陵春色"这个带有隐逸色彩的名字，可这里的"桃源深处"有着精致的亭台楼阁，并非农家的茅屋，并没有普通农家的质朴田园之趣。

历代画家们也用笔墨勾画各自的"桃花源"。从南宋赵伯驹、陈居中以来，"桃花源"就成了绘画的主题之一，尤其是在明清时期极为流行，文徵明、周臣、仇英、钱毂、陆治、王翚、石涛等众多画家都曾描绘这一主题。大致可以分为三类形式：一类是长卷，如仇英的《桃花源图》就是根据赵伯驹的长卷发挥而来，描绘了渔人发现桃源、游览桃源、农家闲聊、畅饮农家、离开桃源 5 个场景；一类是立轴，常常描绘云雾缭绕的山岭之间有一处田园、屋宇，高人雅士居游其间；还有一类通常是册页、扇面等小幅画作，只是描绘小溪、桃林的一角，在题名、题诗中点出桃花源的典故。

在题材的指向上，也有两个思路：一个思路是把桃花源主题和仙山题材结合起来，往往描绘高山峻岭之间、花木繁盛之处依稀露出宫殿楼阁的一角，让人遐想这是仙人或得道高士的居所；另外一个思路则是基本保持陶渊明原版故事的线索，描绘一处曲折隐秘的溪流，两岸有花树盛开，在深处隐藏着洞穴或村落，其中一些作品还会详细描绘误入、招待、告别的场面。

明代著名画家仇英曾创作过上述两个方向的作品，他有一幅长卷《桃花源图》根据陶渊明小说一一描绘文中对应的场景，另外一件《桃源仙境图》则描绘深山中的隐士或者仙人的生活，高耸入云的仙山中露出楼阁的一角，画中场景与小说文字关系不大，而是画家根据前人的有关创作元素设想的一处"理想世界"。

所有描绘桃源的作品中，最引人遐想的是清初画家王翚（王石谷）创作的《桃花渔艇图》，画中一条微小的船只沿着蜿蜒的河溪顺流而下，像是刚刚进入"忽逢桃花林，夹岸数百步"的那一刻。画面左上的溪谷掩藏在了白云生处，右侧、下侧全然是缥缈浩荡的流水和云雾，就好像是溪水、云天无尽蔓延到了观看者的眼前身侧。"对我来说，那艘小船正从遥远的传说向无尽的未来行驶，而我只是一个在梦境中偶然瞥见这一刻的过客"。

或许，所有描绘园林、山水的艺术作品都可以说是某种更微小而凝练的"园林"，不仅仅有线条、颜料构成的形色，还蕴含了人文历史的信息。现实中的园林让我们步入与热闹的外界、日常的工作暂时隔离的一处地方，切换到休闲的状态，而虚构的艺术作品则是"园林中的园林""山水中的山水"，以视觉形象引领观者的眼和心，带他们逃逸到想象的世界中。

桃花渔艇图
纸本设色，清代
王翚

图片索引

这幅画描绘了贵族在凡尔赛宫外的森林中狩猎的场景，中央握剑的是年轻的布尔戈涅公爵，他骑着一匹灰色的战马，佩戴圣埃斯普里骑士勋章，正准备用剑去刺那头被众猎狗制服的牡鹿。背景是规模宏大的凡尔赛宫的橘园和宫殿。

法国人布克雷（Monsieur Bouclé）于1784年6月5日在西班牙王室的阿兰胡埃斯花园中表演热气球飞行。之前一年巴黎已经有了热气球升空的试验，这被当时的人当作新奇的发明，吸引了众多关注。

这是科巴姆子爵为了表示对国王的忠诚建造的乔治一世的雕像，树立在斯陀宅邸的北面。骑在马上的贵族雕像自古希腊时代就是欧洲王侯权贵展示自己的权威和勇敢的方式，竖立在园林里的这种雕像也可以用来表达一种怀古的情调。

1720年到1721年，约翰·范布鲁（John Vanburgh）在斯陀庄园花园西部的一座小山丘上设计修建了一座圆形的罗马柱支撑的庙宇式亭子，中间是一座维纳斯雕像。

这里可以眺望花园以及园外的乡村景色。

151｜《金字塔》，纸上铅笔，27.7cm×48.3cm，1739年，仿印雅克·里戈（Jacques Rigaud），英国王室收藏。

这是1726年约翰·范布鲁（John Vanburgh）在花园的西北角修建的一座18米高的金字塔，1797年遭到拆除，只剩下了地基。

第九章 植物园

第一节 帕多瓦植物园：世界上第一个植物园

152｜《帕多瓦植物园》，雕版印刷，1842年，安德里亚·图斯尼（Andrea Tosini），纽约植物园梅兹图书馆。

第二节 英国皇家植物园丘园：帝国的荣耀

155｜《英国皇家植物园（丘园）：宝塔和桥》，布面油画，47.6cm×73cm，1762年，理查德·威尔逊（Richard Wilson），耶鲁大学英国艺术中心。
156｜《丘园的拱门》，彩色插图，1908年，托马斯·莫尔·马丁（Thomas Mower Martin）。
157｜《丘园中的"棕榈屋"》，彩色插图，1908年，托马斯·莫尔·马丁（Thomas Mower Martin）。

托马斯·莫尔·马丁曾经为一本有关英国皇家植物园丘园（Kew Gardens）的书创作了24张水彩画插图，描绘了这座著名植物园在20世纪初的模样。马丁于1838年出生在伦敦，1862年移居到加拿大，创作了大量风景、动物、静物等方面的油画、水彩画和蚀刻画，是英国早期比较活跃的殖民地艺术家之一。

159｜《丘园》，布面油画，46cm×55cm，1892年，毕沙罗（Camille Pissarro），里昂美术博物馆。
160｜《丘园》，布面油画，46.3cm×55.2cm，1892年，毕沙罗（Camille Pissarro）。

第十章 近代城市公园

第一节 波士顿公共绿地：美国第一个城市公园

162｜《波士顿公共绿地鸟瞰》，织物，61.59cm×133.98cm，约1750年，汉娜奥蒂斯（Hannah Otis），波士顿美术馆。
165｜上：《1851年波士顿公共绿地举办的铁路禧年》（仿威廉·夏普1851年原作），亨利·莫尔斯（Henry A. Morse），波士顿美术馆；下：《波士顿公共绿地》，布面油画，1886—1891年，恰尔德·哈萨姆（Childe Hassam），波士顿美术馆。

第二节 海德公园：伦敦最自由的场所

167｜《海德公园蛇湖》，木板油画，15.9cm×23.5cm，19世纪中期，乔治·西德尼·谢泼德（George Sidney Shepherd），耶鲁大学英国艺术中心。
168｜上：《1851年观众进入海德公园参观"水晶

宫"中的世界博览会》，插图；下：《1851年世界博览会"水晶宫"内部展场》，插图。
169｜上：《五月的海德公园》，纸上水彩和水粉，19cm×25cm，1893年，罗斯·梅纳德·巴顿（Rose Maynard Barton）；下：《威廉·梅西—斯坦利在海德公园开着他的敞篷车》，布面油画，110.5cm×158.8cm，1833年，约翰·费内利（John Ferneley），耶鲁大学英国艺术中心。

第三节 布洛涅森林公园：为枯燥的漫步带来活力

171｜《布洛涅的朗香门》，布面油画，33cm×40.5cm，1812年，克里斯多夫·威廉·埃克斯伯格（Christoffer Wilhelm Eckersberg），哥本哈根大卫收藏博物馆。
172｜《布洛涅森林的小木屋酒馆》，木板油画，59cm×63cm，1900年，让·贝罗（Jean Beraud），索镇法兰西岛博物馆。

让·贝罗在这幅油画中描绘巴黎的时尚女性在布洛涅森林的一家酒馆中休息，人们在尝试当时的两项新事物：骑自行车与喝柠檬软饮料。

173｜《布洛涅森林里的超速罚单》，纸上水彩画，43cm×65.5cm，19世纪末20世纪初，安娜·罗莎（Anna Palm de Rosa）。
175｜上：《星期天在布洛涅森林散步》，布面油画，191cm×301cm，1899年，亨利·埃弗内普尔（Henri Evenepoel），列日市博韦里博物馆；下：《布洛涅森林》，布面油画，39.4cm×54.6cm，1903年，阿尔伯特·利奥波德·皮尔森（Albert Leopold Pierson）。
177｜《湖边》，布面油画，1879—1880年，雷诺阿，芝加哥艺术学院美术馆。

马奈、雷诺阿等画家都曾来布洛涅森林游玩、创作，雷诺阿的《湖边》可能描绘的是布洛涅森林公园下湖的场景，一个戴草帽的划船爱好者和年轻女子闲聊，当时巴黎许多中产阶级喜欢在户外悠闲和运动。

第四节 蒙梭公园：新巴黎的第一座公园

179｜《卡蒙特勒将蒙梭公园的钥匙交给沙特尔公爵》，布面油画，1790年，匿名画家，巴黎卡纳瓦莱博物馆。
180｜《蒙梭公园》，布面油画，50cm×65cm，1877年，卡耶博特。
181｜《景观：蒙梭公园》，布面油画，59.7cm×82.6cm，1878年，莫奈，纽约大都会博物馆。

第五节 中央公园：纽约蓬勃的"绿肺"

183｜《中央公园》，纸上铅笔和水彩，36.51cm×49.53cm，1900年，莫里斯·普伦德加斯特（Maurice Prendergast），纽约惠特尼美国艺术博物馆。
184｜上：《中央公园规划图》，彩色手工地图，21.5cm×77.4cm，1868年，奥姆斯特德（Frederick Law Olmsted）和卡尔弗特·沃克斯（Calvert Vaux）；下：《中央公园贝塞斯达台阶的景观》，20.3cm×36.8cm，1869年，纽约地理学家，插图。
186｜《中央公园的春光》，布面油画，74.3cm×94.5cm，1908年，恰尔德·哈萨姆（Childe Hassam）。

参考书目

陈从周 著：《说园》，上海：同济大学出版社，2007。

童寯 著：《江南园林志》，北京：中国建筑工业出版社，1984。

石守谦 著：《移动的桃花源：东亚世界中的山水画》，北京：生活·读书·新知三联书店，2015。

［美］高居翰、黄晓、刘珊珊 著：《不朽的林泉》，北京：生活·读书·新知三联书店，2012。

［美］杨晓山 著，文韬 译：《私人领域的变形：唐宋诗歌中的园林与玩好》，南京：江苏人民出版社，2008。

吴欣 主编，柯律格、包华石、汪悦进等 著：《山水之境：中国文化中的风景园林》，北京：生活·读书·新知三联书店，2015。

［英］马尔科姆·安德鲁斯 著，张翔 译：《风景与西方艺术》，上海：世纪文景/上海人民出版社，2014。

［美］W.J.T.米切尔 编，杨丽、万信琼 译：《风景与权力》，南京：译林出版社，2014。

［英］汤姆·特纳 著，李旻 译：《园林史：公元前2000—公元2000年的哲学与设计》，北京：电子工业出版社，2016。

［英］汤姆·特纳 著，程玺 译：《亚洲园林：历史、信仰与设计》，2015年，北京：电子工业出版社，2015。

Christopher Thacker:*The History of Gardens* , University of California Press ,1985。

William Howard Adams: *Nature Perfected: Gardens Through History*: Abbeville Press，1991。

Brent Elliott:*Flora: An Illustrated History of the Garden Flower*，Firefly Books ，2003。

Ann Laras：*Gardens of Italy*，Frances Lincoln, 2005。

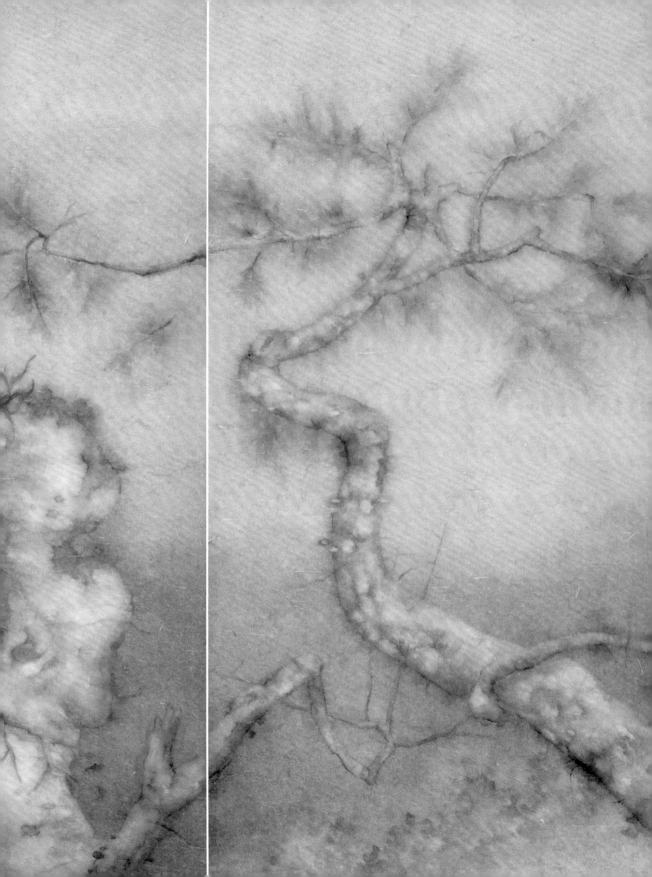

图书在版编目（CIP）数据

时光的倒影 ：艺术史中的伟大园林 / 周文翰著. —
北京 ：北京美术摄影出版社，2019.5
ISBN 978-7-5592-0267-3

Ⅰ．①时… Ⅱ．①周… Ⅲ.①园林—介绍—世界
Ⅳ．①TU986.61

中国版本图书馆CIP数据核字（2019）第082555号

责任编辑：赵　　宁
助理编辑：班克武
责任印制：彭军芳
装帧设计：华烯宇

时光的倒影
艺术史中的伟大园林
SHIGUANG DE DAOYING

周文翰　著

出　　版　北京出版集团公司
　　　　　北京美术摄影出版社
地　　址　北京北三环中路6号
邮　　编　100120
网　　址　www.bph.com.cn
总 发 行　北京出版集团公司
发　　行　京版北美（北京）文化艺术传媒有限公司
经　　销　新华书店
印　　刷　天津联城印刷有限公司
版印次　2019年5月第1版第1次印刷
开　　本　787毫米×1092毫米 1/16
印　　张　19.5
字　　数　207千字
书　　号　ISBN 978-7-5592-0267-3
定　　价　98.00元
如有印装质量问题，由本社负责调换
质量监督电话 010－58572393